国家级实验教学示范中心联席会计算机学科规划教材
教育部高等学校计算机类专业教学指导委员会推荐教材
面向"工程教育认证"计算机系列课程规划教材

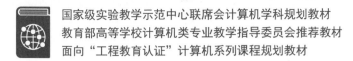

人工智能导论

（Python版）微课视频版

姜春茂 ◎ 主编

清华大学出版社

北京

内 容 简 介

本书通过简述人工智能的相关概念、分类与应用，介绍人工智能的主流技术(机器学习、人工神经网络、强化学习和深度学习)，并通过多个实际案例详细介绍人工智能的主流应用领域(自然语言处理、语音识别、计算机视觉、区块链等)，最后介绍人工智能算法。本书还包含一章 Python 基础，以便读者更深入地理解书中的案例实现。

本书可以作为大专院校人工智能通识课程和人工智能相关专业的基础课程的教材，也可以作为普通读者(包括有意报考人工智能相关专业的中学生)整体了解人工智能领域的入门书。

图书在版编目(CIP)数据

人工智能导论：Python 版：微课视频版/姜春茂主编. —北京：清华大学出版社，2021.3(2025.2重印)
面向"工程教育认证"计算机系列课程规划教材
ISBN 978-7-302-57239-8

Ⅰ. ①人… Ⅱ. ①姜… Ⅲ. ①人工智能－高等学校－教材 Ⅳ. ①TP18

中国版本图书馆 CIP 数据核字(2020)第 260570 号

责任编辑：付弘宇 张爱华
封面设计：刘 键
责任校对：焦丽丽
责任印制：杨 艳

出版发行：清华大学出版社
  网 址：https://www.tup.com.cn，https://www.wqxuetang.com
  地 址：北京清华大学学研大厦 A 座   邮 编：100084
  社 总 机：010-83470000   邮 购：010-62786544
  投稿与读者服务：010-62776969，c-service@tup.tsinghua.edu.cn
  质量反馈：010-62772015，zhiliang@tup.tsinghua.edu.cn
  课件下载：https://www.tup.com.cn，010-83470236
印 装 者：天津鑫丰华印务有限公司
经 销：全国新华书店
开 本：185mm×260mm 印 张：14.5   字 数：368 千字
版 次：2021 年 5 月第 1 版   印 次：2025 年 2 月第 8 次印刷
印 数：18001～20000
定 价：49.00 元

产品编号：084749-01

前言

FOREWORD

人工智能（Artificial Intelligence，AI）正在改变着我们的工作与生活，也日益改变着我们的思维方式，可以说它已经无处不在。人工智能技术已经成为我们提升自身竞争力的必备技能，人工智能人才的培养已经成为我国发展的重要任务。从知识结构上讲，人工智能属于多学科交叉的知识体系，其人才培养需要依据特定的培养方案展开。目前国内众多高校，如南京大学、西安电子科技大学等，先后成立了人工智能学院，提出了体现自身特色的人工智能培养方案。

编写本书的目的是为初次涉猎人工智能的读者提供一个以实践为手段的、全貌式了解人工智能的机会。实事求是地讲，本书无论从深度还是广度来看，都还远远不够，但是作为一本入门教材，本书的目标是希望使用本书的读者能够通过实践产生兴趣，产生进一步深入研究某个主题的动力。

本书从最基本的人工智能概念入手，从零开始介绍诸如机器学习、自然语言处理等各种算法，通过现实而有趣的例子展示教学内容。在整个学习过程中，读者会看到人工智能相关的各个主题当前所面临的挑战，一些折中的思想方法可能会得到更多应用。在学习路径的设计上，我们采用从简单到复杂的思路，从大家熟悉的内容到相对不太熟悉的内容安排方式。每个章节都包含相应的案例，案例的选择借鉴行业中所需要的或者正在应用的项目思想。

本书的内容由纸质和视频两部分组成。纸质部分包括人工智能导引、Python 基础、机器学习初步、自然语言处理、语音识别、计算机视觉、人工神经网络、强化学习和深度学习、区块链、人工智能算法等内容。人工智能的知识体系繁杂、深入，上述任意一个主题都构成一个较大的研究方向，而本书的目的是通过实践引导的方式使初次涉猎人工智能的读者对其有一个概要性的了解，并产生学习的兴趣和前行的动力；视频部分不是对纸质部分内容的简单讲解，而是包含更多的扩展材料与讲解，如基础知识、扩展与升华、课后思考等。视频部分的讲解采用动手实践、边演示边讲解的方式进行，除了基本概念以外，所讲解的知识绝大部分以 Python 编码的方式展示。

纸质部分共 10 章。第 1 章为人工智能导引，主要介绍人工智能的来历、应用等；第 2 章为 Python 基础，介绍在人工智能方面应用的基础知识、扩展包等；第 3 章为机器学习初步，介绍几个有代表性的算法，如朴素贝叶斯算法、聚类算法等；第 4 章为自然语言处理，使用 TF-IDF 算法构建文档类别预测器，构建语义分析器、基于 LDA 的主题模型等；第 5 章为语音识别，通过构建一个语音识别系统——识别口语词汇介绍如何处理语音信号及其可视化过程；第 6 章为计算机视觉，主要讲解 OpenCV 的使用，学习如何用 CAMShift 算法构建一个目标跟踪器并讲解光流的基本知识；第 7 章为人工神经网络，介绍感知器的概念以及如何基于感知器构造一个分类器，并使用人工神经网络构建一个光学字符识别引擎；第 8 章为强化学习和深度学习,通过一些现实例子,讲解强化学习是如何表现出来的,之后介绍深度学习和卷积神经网络(CNN);第9章为区块链,介绍区块链的相关知识及人工智能与区块链之间的关系,使用朴素贝叶斯算法通过预测事务来预测存储水平优化供应链管理(SCM)区块链中的区块;第10章简要介绍一些人工智能算法,包括遗传算法、模拟退火算法和蚁群算法等。

视频内容的编排按照微视频的录制方式。每段视频的时长为10~15分钟,内容包括基本内容讲解(主要讲解纸质部分内容)、扩展内容、思考题等。为了让读者有一个从思考到实践展示的过程,视频内容基于一条思考、学习的认知主线展开。期待读者跟随我们的讲解,加上自己的思考和加工,快速地熟悉和掌握大部分内容。读者先扫描本书封底"文泉云盘"涂层下的二维码,绑定微信账号,然后即可扫描书中的二维码观看视频。

清华大学出版社的付弘宇编辑从编写本书的主题选择、写作风格及微视频的录制等方面给予了很多建议和支持,在此深表感谢。由于人工智能的知识体系非常庞杂,难以全面掌握,尽管我们做了很大努力,书中可能还会存在错误。我们希望能够抛砖引玉,期待各位专家、学者的指导和帮助。在本书的编写过程中,我们参考了国内外近期出版的众多书籍、论文等,在此对相关作者表示感谢。如涉及版权问题,请联系我们。最后,希望读者在学习本书之后,能够有所收获。

本书免费提供配套的教学大纲、PPT课件与书中涉及的代码,可以从清华大学出版社官方网站www.tup.com.cn或清华大学出版社官方微信公众号"书圈"(ID:itshuquan)下载。

编　者

2020 年 12 月

课程总结

目 录

CONTENTS

第 1 章

人工智能导引

本章将学习人工智能的相关知识以及相关应用。在本章中,我们将要学习:

- 什么是人工智能。
- 学习人工智能的目的和意义。
- 人工智能的应用。
- 人工智能的分支。

01 人工
智能导引

 ## 1.1　什么是人工智能

人工智能在 IT 领域十分受欢迎,犹如初升的太阳般冉冉升起,但大部分人并不了解人工智能。那么人工智能到底是什么? 人工智能的发展历程与脉络是什么? 人工智能相关的国家政策如何解读? 下面我们就来一一介绍。

人们总是不断发挥自己的想象力思考,是否有一种机器可以实现人类的思维,甚至超过人类,比人类有更高的智力,帮助人们解决各种各样问题。20 世纪 40 年代计算机诞生之后,几十年来飞速发展,计算机应用领域也逐渐扩展,变得越来越广泛,诸如多媒体应用、人工智能、数据库、科学计算、数据处理、辅助技术、数据通信等。人工智能是研究、开发用于模拟、延伸和扩展人的智能活动,是计算机科学的一个研究分支,是计算机科学研究发展的结晶(见图 1-1)。人工智能是一门基于计算机科学、生物学、心理学、神经科学、数学和哲学等学科的科学。

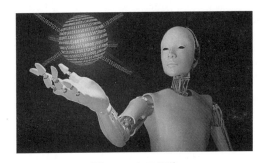

图 1-1　人工智能

人工智能的发展主要经历了五个阶段:早期阶段是 20 世纪 50 年代,著名的图灵测试诞生,随着第一个可编程机器人的发明,人工智能正式诞生;20 世纪 60 年代是人工智能发展的第一个黄金阶段,该阶段的人工智能主要以语言、类似人类的互动为主,并且发明了计算机鼠标,为今后的现代互联网打下基础;接下来的 20 世纪 70 年代为发展瓶颈期,经过科学家深入的研究,发现机器模仿人类思维是一个十分巨大的系统工程,并且计算机的内存有限,数据库不够庞大,难以解决实际的人工智能问题;而 20 世纪 80 年代是第二个黄金阶段,已有的人工智能研究成果逐步应用于各个领域,并且在商业领域取得了巨大的成果;20世纪90年代至今是平稳发展阶段,是人工智能的春天,互联网技术的逐渐普及,使人工智能已经逐步发展成为分布式主体,为人工智能的发展提供了新的方向,如图1-2所示。如今,人工智能已经走进了我们的日常生活,例如语音助手、智能机器人等。随着技术的不断进步,人工智能会朝着多个领域发展,如医疗、教育、金融、衣食住行等领域,涉及人类生活的方方面面。

图1-2　人工智能的新方向

2017年7月8日,国务院印发了《新一代人工智能发展规划》。《新一代人工智能发展规划》描绘了未来十几年我国人工智能发展的宏伟蓝图,确立了"三步走"目标:到2020年人工智能总体技术和应用与世界先进水平同步;到2025年人工智能基础理论实现重大突破、技术与应用部分达到世界领先水平;到2030年人工智能理论、技术与应用总体达到世界领先水平,成为世界主要人工智能创新中心。在人工智能发展规划方面,我国和世界其他国家一样都很关注。科技部将在建设人工智能基础设施、政策法规、标准体系、安全和伦理等方面积极探索,以更好地适应人工智能的发展。

1.2　学习人工智能的目的和意义

在当今社会中,人工智能发挥了极大的积极作用,它比自动化设备多了学习的能力,会成为人类优秀的合作伙伴。研究人工智能的目的,一方面是要创造出具有智慧的机器;另一方面是要弄清人类智慧的本质。通过研究和开发人工智能,可以辅助、部分替代甚至拓宽人类的智能,使计算机更好地造福人类。人工智能会带来大量的新的工作机会,因为人工智能设备替代了重复性的、枯燥的工作,会出现发明、管理、维护人工智能设备的大量岗位,还会带来教育培训、分类管理等工作机会。人工智能会使人们的业余生活变得丰富,生活质量也不断提高,人们可以减少工作时间,用于享受生活、加强身心健康,从而有时间和精力提升人工智能设备的能力。与此同时,还会创造更多的社会财富,人工智能的生产效率远高于人类,等量的时间内提升的生产力会更高,使得人类生产活动的进步加快,带来更多的社会效益。更为重要的是,研究人工智能有助于消除对于未知的恐惧,让人类更加充满希望地面对美好的未来。

1.3　人工智能的应用

1.3.1　人工智能的行业图谱和行业发展剖析

人工智能的行业图谱十分丰富,如图1-3所示。目前,已经进入了技术取得相对突破、应用场景明确,产业界、学术界、投资界都十分关注的具有泛在智能特点的人工智能新阶段。人工智能在视觉技术、自然语言处理、媒体分析、智适应、群体智能、无人系统、脑机接口等方面取得了较大的进展,形成了安保、警务、金融、零售、交通、教育、医疗、智能制造等诸多场景的应用,进而形成了巨大的市场规模。

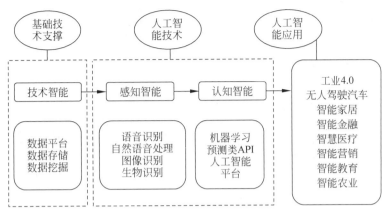

图 1-3　人工智能产业链

　　中国人工智能市场规模快速增长。2015 年中国人工智能市场规模只有 12 亿元人民币，应用场景大致分为：语音识别约占 60%，计算机视觉约占 12.5%，其他识别类约占 27.5%。此后的短短几年间，人工智能市场的发展十分迅猛，包括支出规模、场景应用领域、产业规模等。据 IDC(互联网数据中心)发布的《全球人工智能白皮书》预计，到 2020 年底，全球人工智能支出规模将达到 2758 亿元人民币。中国政府、资本市场对人工智能的高度重视和持续投资，将促使中国人工智能飞速发展。到 2020 年底，中国人工智能支出规模将达到 325 亿元人民币，五年复合增长率约为 32.8%，占全球整体支出的比例约为 12%。根据清华大学发布的《中国人工智能发展报告 2018》，中国已成为全球人工智能投融资规模最大的国家。从 2013 年到 2018 年第一季度，中国的人工智能投融资规模约占全球的 70%，成为全球最"吸金"的国家。与此同时，人工智能上升为中国国家战略，并已明确阶段性发展目标。随着《互联网＋人工智能三年行动实施方案》的发布，加上国家对制造业的高度重视，中国人工智能产业将迎来新的机遇。预计到 2020 年底，中国人工智能市场规模将达到 700 亿元人民币，形成百亿美元级别的市场。

　　人工智能技术正在全面重塑机器人产业，智能机器人应用甚广，目前国内智能机器人行业的研发主要集中于家庭机器人、工业企业服务和智能助手三方面，主要包含三大核心技术模块，分别是人机交互及识别模块、环境感知模块和运动控制模块。特别是人机交互及识别模块综合了语音识别、语义识别、语音合成、图像识别、机器学习、自然语言处理等人工智能技术，实现对人类的意识及思维过程的模拟，赋予机器人学习、推理、思考、规划等智能行为和能力。

1.3.2　人工智能结合大数据的行业应用案例

　　近年来，随着围棋高手 AlphaGo(见图 1-4)的出现，大数据、人工智能、机器学习、人机大战十分火爆，成为热点话题。那么这些对于我们的生活有什么影响呢？大数据是人工智能的前提，有了数据，才能让机器有"数"可用，才能谈及智能化。除了围棋高手 AlphaGo，IBM 公司的 Watson 这些"大杀器"，都是大规模数据训练的结果。又如语音识别，必须有足够的语料库和人工字

图 1-4　围棋高手 AlphaGo

典作为训练样本进行训练,才能得到较好的模型;还有图片识别,算法的进步固然重要,但是海量图片本身以及相应的标注是相关智能应用产生的重要前提。而机器对自然语言的"理解",更是将人工智能助手推向新高度。因此在算法开源、技术开放的时代,寻找智能应用点和与之相对应的成规模数据成为人工智能结合大数据的关键点。

1.3.3　人工智能在"互联网+"领域的应用

随着经济的快速发展和科技的不断创新,互联网逐渐走进我们的生活中,并持续推动经济的发展。"互联网+"是通过互联网平台将以云计算、物联网、大数据为代表的新一代信息技术与传统产业相融合,扩展新的商业模式,从而创造一种新的商业形态;是将互联网的创新成果深度融合于经济、社会各领域,提升全社会的创新力和生产力,进而形成更广泛的、以互联网为基础设施和实现工具的经济发展新形态。"互联网+"的发展使得网络的流量不断增加,规模不断扩大。大规模的数据采集、处理、存储与访问,以及可视化的大数据技术等已经使得原有的信息管理功能向知识及智慧获取转变。当人工智能技术与"互联网+"相结合,传统的互联网便升级为"智能互联网"(如图 1-5 所示),其工作能力是传统互联网所不能比拟的。

基于人工智能的"互联网+"产品不仅能够促进人们及时地相互沟通,还能够进行舆情分析与引导;不仅能够促进精细化生产,也能够使商业经营者随时掌握市场行情,及时调整所经营产品的发展方向,从而基于市场需求实现利益最大化。

1.3.4　人工智能在制造业领域的应用

人工智能时代的到来必然会推动中国制造业转型升级,推动制造业从自动化走向智能化。一是利用机器人代替人,智能化已经成为当前机器人的发展方向,如图 1-6 所示。传统的机器人只是数控的机械装置,不能适应变化的环境,而智能机器人则能够主动适应生产场景,能够为制造业中多种场景提供解决方案,使大规模定制化成为可能;二是人工智能不仅意味着制造业中完成某一环节工作的实体机器人,更是未来制造业的智能工厂、智能供应链等彼此相互支撑的智能制造体系。通过人工智能制造体系。通过人工智能将会实现制造业设计过程、制造过程和制造装备的一系列智能化,人工智能赋予制造业更高效率,甚至带来生产和组织模式的颠覆性变革。

图 1-5　智能互联网进入产业成熟期

图 1-6　工业智能化

1.3.5 人工智能在金融、消费领域的应用

人工智能在金融领域也有着很多积极的影响,它不仅可以进行数据分析,还可以满足金融业务的需求,被越来越多的人所熟知,如图 1-7 所示。人工智能在金融领域中有很多应用,例如智能客服分线上和线下两个方面。线上部分是指在线智能客服,基于语音识别、自然语言处理等技术,实现远程客户业务咨询和办理,使客户能够及时获得答复,降低人工服务压力和运营成本,实现形式包括网页在线客服、微信、电话和 App 等;线下部分指银行大堂里的智能客服机器人,它运用语音识别、图像识别、语音合成、自然语言理解等技术,在很大程度上将大堂经理从繁杂的工作中解脱了出来,同时节省了业务办理时间,方便快捷。人工智能可以应用于金融业务的各个环节,在前台可以用于智能客服,在中台可以为金融交易、分析和客户提供决策支持,在后台可以进行有效的风险防控,对金融业产生深刻影响。未来,人工智能将会使投资、保险、信贷等金融服务业务更主动、更个性化,也更智能。

图 1-7 人工智能引领金融业

1.4 人工智能的分支

1.4.1 人工智能领域的经典问题和求解方式

人们总是觉得人工智能就是机器人,那么人工智能实际上就是机器人吗?把机器人称为人工智能,肯定是不正确的,机器人不见得是人工智能,人工智能也未必都要作用于机器人。现在的机器人,可以称之为是人工智能的一个浅显表现形式,人工智能的范围太宽泛了,并且超出了我们日常的想象范围,机器人是机器人,人工智能是人工智能,我们学习机器人,也不是一定就算学习了人工智能。

人工智能值得关注的趋势有:由专用走向通用,这是必然的发展趋势;由机器智能到人机混合智能;从"人工+智能"到自主智能系统;学科交叉将成为人工智能的创新源泉;人工智能产业将蓬勃发展,国际上一个比较有名的咨询公司预测,2016—2025 年人工智能的产业规模几乎直线上升;关于人工智能的法律法规一定会更加健全;人工智能将成为更多国家的战略选择;人工智能的教育会全面普及。从伦理角度而言,人工智能要保证它的安全性,并且在相应的领域可以进行验证,要保证人工智能系统在运行过程中的目标和行动符合人类的价值观以及人工智能的非破坏性。

1.4.2 机器学习模型和推理符号模型

通常情况下,如果要让计算机工作,就要给它一些指令,并让计算机按照指令一步一步执行,步骤十分明确。但是机器学习用这种方法行不通,机器学习不接受指令,只接受输入的数据,机器学习的主要目的是把人类通过思考归纳整理的过程,转化为计算机通过对数据的处理计算得出模型的过程。经过计算机得出的模型能够贴近人类的方式,解决很多复杂的问题,进

而学习到新的知识和技能。

机器学习的常用模型有线性模型,其数学形式为 $g(X;W) = W^T X$。线性模型是简单易懂的,参数的每一维对应相应特征维度的重要性。但是线性模型也存在一定的局限性。线性模型的取值范围是不受限的,依据 W 和 X 的具体取值,它的输出可以是非常大的正数或者非常小的负数。并且线性模型只能挖掘特征之间的线性组合关系,无法对更加复杂、更加强大的非线性组合关系进行建模。而另一个机器学习模型是神经网络,它是一类典型的非线性模型,它的设计受到生物神经网络的启发。人们通过对大脑生物机理的研究,发现其基本单元是神经元,每个神经元都通过树突从上游的神经元那里获取输入信号,经过自身的加工处理后,再通过轴突将输出信号传递给下游的神经元。当神经元的输入信号总和达到一定强度时,就会激活一个输出信号,否则就没有输出信号。其他的机器学习模型还有核方法与支持向量机、决策树与提升方法(boosting)。

人工智能主要分为两类:一类是运用符号思考的人工智能;另一类是运用神经网络思考的人工智能。运用符号思考的人工智能即符号主义(symbolism),是一种基于逻辑推理的智能模拟方法,又称为逻辑主义(logicism)。其原理主要为根据符号和规则创造智能。一直以来,处在人工智能的主导地位便是符号主义。纽威尔和西蒙提出的"物理符号系统假设"为符号主义的实现打下了基础。该学派认为:人类认知和思维的基本单元是符号,而认知过程就是在符号表示上的一种运算。运用符号思考的人工智能实质在于模拟人的左脑逻辑思维,通过研究人类认知原理,进而用符号模拟人类的认知过程。

1.4.3　人工智能和大数据

随着大数据的出现,人工智能也得到了越来越多的关注,那么为什么会有如此多的关注呢?答案是:人工智能可以用传统上人类无法处理的方式处理大数据集。随着数字经济的不断扩大,大数据不断地驱动人工智能的发展,主要表现为建立驱动数据和知识引导的智能计算

图 1-8　大数据

平台和方法,形成从数据到知识、从知识到智慧这样一个逐步上升的过程,如图 1-8 所示。其实,看人工智能发展的三个阶段,从计算智能到感知智能再到认知智能,本质就是从数据到知识再到智慧的过程。这是大数据智能要解决的问题。

下面介绍一些大数据应用的人工智能技术。

(1)外推:它是在原始观测范围之外,根据变量与其他变量的关系评估变量值的过程。

(2)异常检测(也称异常值检测):包括标识不符合预期模式的识别数据项、事件或观测,或数据集中的其他项。异常检测可以识别诸如银行欺诈之类的事件,也适用于其他领域,包括故障检测、系统健康监测、传感器网络和生态系统干扰。

(3)贝叶斯原理:在概率论和数理统计学中,贝叶斯原理描述了一个事件的概率,它基于与事件相关的条件前验知识。这是基于先前事件预测未来的一种方式。

假设一个公司希望知道哪些客户有流失的风险。使用贝叶斯方法,可以收集满意度不足的客户的历史数据,并用于预测以后有可能流失的客户,更多的历史数据被馈送到贝叶斯算法

中,其预测结果变得更准确。

1.4.4 人工智能和机器学习

机器学习是人工智能的一个分支研究领域,该领域的主要研究对象是人工智能,特别是如何在经验学习中改善具体算法的性能。而人工智能的研究是从以"推理"为重点发展到以"知识"为重点,再到以"学习"为重点,形成一条自然、清晰的脉络。显然,机器学习是实现人工智能的一个途径,即以机器学习为手段解决人工智能中的问题。并且机器学习就是设计一个算法模型处理数据,输出我们想要的结果,我们可以针对算法模型进行不断的调优,形成更准确的数据处理能力。但这种学习不会让机器产生意识。这些算法也是一类从数据中自动分析获得规律,并利用规律对未知数据进行预测的算法。因为学习算法中涉及了大量的统计学理论,机器学习与统计学联系尤为密切,因此部分机器学习内容也被称为统计学习理论。此外,机器学习应用领域十分广泛,例如数据挖掘、数据分类、计算机视觉、自然语言处理(NLP)、生物特征识别、搜索引擎、医学诊断、检测信用卡欺诈、证券市场分析、DNA序列测序、语音和手写识别、战略游戏和机器人运用等。

1.4.5 人工智能和深度学习

深度学习是机器学习中一种基于对数据进行表征学习的方法。它使得机器学习能够实现众多应用,并拓展了人工智能的领域范围,是实现机器学习的技术。它是机器学习中神经网络算法的延伸,可以理解为包含很多个隐层的神经网络模型;也是机器学习中最热门的算法。在图像、语音等富媒体的分类和识别上取得了非常好的效果。人工智能相关概念如图1-9所示。深度学习也很好地实现了各种任务,使得似乎所有的机器辅助功能都变为可能。无人驾驶汽车、预防性医疗保健,甚至是更好的电影推荐,都即将实现。

图1-9 人工智能相关概念

 ## 1.5 小结

通过以上介绍我们已经了解了人工智能的发展脉络、学习人工智能的目的与意义、与其相关领域的一些应用以及人工智能与大数据、机器学习、深度学习的联系等,通过以上所举的一些案例和成果,相信我们已经感受到了人工智能给我们的生活带来了巨大的影响,我们也会更加期待人工智能未来的发展,下面让我们继续学习有关人工智能的知识。

 习题

1. 什么是人工智能？试从学科和能力两个方面加以说明。

2. 在人工智能的发展过程中，有哪些思想起了作用？站在你的角度，预测人工智能未来的发展，包括技术、场景等。

3. 人工智能有哪些研究领域和应用领域？

第 **2** 章

Python基础

本章主要介绍 Python 的相关基础知识,包括 Ubuntu 和 Windows 操作系统下的安装方式、Python 的编程基础知识与语法、第三方模块的安装与使用以及文件读写等,重点讲解 Python 语言的扩展程序库 NumPy(Numerical Python)和绘图库 Matplotlib。

学完本章后,你将会了解:

- Python 开发环境的搭建。
- Python 的编程基础。
- 第三方模块的安装和使用。
- 文件操作如何读写数据。
- 科学计算库 NumPy。
- 绘图库 Matplotlib。

 ## 2.1 Python 的安装

2.1.1 Ubuntu 下的安装

本节在 Ubuntu 16.04 的系统上安装实验环境,Ubuntu 的安装这里不再赘述,读者可以在网上搜索相应安装方式。Ubuntu 系统下实验环境的安装方式有两种:一种是通过 Ubuntu 系统自带的命令 apt-get 安装;另一种是通过 PyEnv 安装。

1. 通过 apt-get 命令安装

通过系统自带命令安装比较简单,打开终端,输入如下命令即可。

```
1:   sudo apt-get update && sudo apt-get install python3
```

2. 通过 PyEnv 安装

PyEnv 可以根据需求使用户在系统中安装和管理多个 Python 版本,它利用系统环境变量 PATH 的优先级,"劫持"Python 的命令到 PyEnv 上,根据用户所在的环境或目录,使用不同版本的 Python。

1) 通过 git 命令安装 PyEnv

```
1:    sudo apt-get install git
2:    git clone git://github.com/yyuu/pyenv.git   ~/.pyenv
3:    echo 'export PYENV_ROOT = " $ HOME/.pyenv"'>> ~/.bashrc
4:    echo 'export PATH = " $ PYENV_ROOT/bin: $ PATH"'>> ~/.bashrc
5:    echo 'eval " $ (pyenv init - )"'>> ~/.bashrc
6:    exec $ SHELL - l
```

解析：因需要使用 git 命令安装 PyEnv，所以第一步先安装 git 命令(代码 1)；接下来需要安装 PyEnv，首先把项目复制下来，放在 HOME 目录下的隐藏文件夹 pyenv 中(代码第 2 行)，然后配置环境变量(代码第 2～5 行)，echo 命令的含义是将引号里面的内容写入文件中；最后在使用 PyEnv 之前，需要重新初始化 SHELL 环境(代码 6)，这里不执行最后一步也是可以的，但必须关闭当前终端窗口，再重新开启一个。

2) 安装 Python(本书使用 Python 3.7.4)

```
1:    sudo apt-get install libc6-dev gcc
2:    sudo apt-get install-y make build-essential libssl-dev zlib1g-dev libbz2-dev libreadline-dev
      libsqlite3-dev wget curl llvm
3:    pyenv install 3.7.4-v
```

2.1.2 Windows 下的安装

1. 安装 Python

打开 Web 浏览器访问 https://www.python.org/downloads/网址 ，根据计算机系统位数下载适合的执行文件，其中 x86 表示 32 位系统，x86-64 表示 64 位系统。进入网站后会看到如图 2-1 所示的界面，选中 Download Python 3.7.4 进行下载。

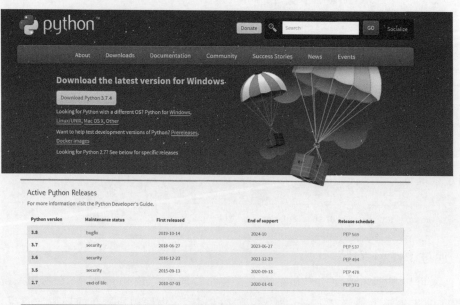

图 2-1 下载 Python 安装程序

完成下载后,找到下载的.exe文件,双击打开。勾选 Add Python 3.7 to PATH 复选框自动添加路径,剩下的安装步骤单击 Next 按钮,直到安装完成。

2. 安装集成开发环境 PyCharm

PyCharm 是由 JetBrains 打造的一款 Python IDE,支持 Mac OS、Windows、Linux 系统。PyCharm 的下载地址为 https://www.jetbrains.com/pycharm/download/,这里选择 PyCharm 的社区版(Community)下载,该版本是免费的,也可用学生账号申请专业版 (Professional)免费使用一年,如图 2-2 所示。下载完成后,双击下载的.exe文件开始安装,可以一直单击 Next 按钮完成安装,也可以自定义安装路径进行安装。

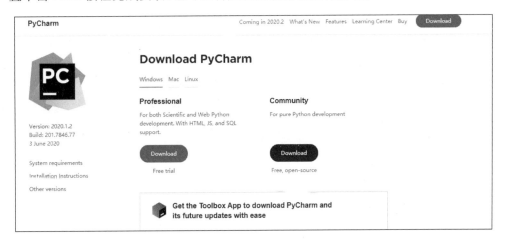

图 2-2　PyCharm 官网界面

 2.2　编程基础

2.2.1　数据类型与变量

1. 数据类型

程序的本质就是驱使计算机去处理各种状态的变化,而这些变化分为多种形式。例如玩《和平精英》游戏,在游戏中,用户首先会给自己起一个名字创建角色,那么它的类型就是字符串,游戏的装备(如鞋子、枪、衣服),通常会放到列表中,而游戏的等级通常用数值表示。

Python 使用对象模型存储数据,每一个数据类型都有一个内置的类,每新建一个数据,实际就是初始化生成一个对象,也就是说所有数据都是对象。上述的字符串、列表、数值都是数据类型,除此之外还有很多其他数据类型,下面来一一介绍。

1)数值

例如:a=9。

特性:只能存放一个值,定义之后不可更改,可以直接访问。Python 的数值类型又分为整型(int)、长整型(long)、浮点型(float)、复数(complex)。

整型(整数):Python 可处理任意大小的整型数值类型,其中整型包括正整数与负整数,也可以用十六进制、十进制、八进制表示整数,没有大小限制。

程序 2.1 整型的表示

```
1:    print(10)
2:    print(oct(10))
3:    print(hex(10))
```

输出：

```
10
0o12
0xa
```

注意：用八进制表示整数时,数值前面要加上一个前缀0o；用十六进制表示整数时,数字前面要加上前缀0x。

长整型：在 Python 2 中,Python 的长整型没有指定位宽,也就是说 Python 没有限制长整型数值的大小,但是实际上由于机器内存有限,所以使用的长整型数值不可能无限大,为了区分长整型和整型数值,通常在数字尾部加上一个大写字母 L 或小写字母 l 表示该整型是长整型,如 49856478L。在 Python 3 中,长整型被统一归为整型。

浮点数：也就是小数,可用正常的数字写法表示,例如 1.23。对于很大或很小的浮点数必须用科学记数法表示,把 10 用 e 代替,如 $1.256×10^8$ 需写成 $1.256e^8$。

整数和浮点数在计算机内部存储的方式是不同的,整数运算永远是精确的(除法也是),而浮点数运算则可能会有误差。

复数：如同数学中的复数,分为实数和虚数两部分。与数学中的复数不同的是虚数部分用 j 表示,一般形式为 $x+yj$,其中的 x 是复数的实部,y 是复数的虚部,这里的 x 和 y 都是实数,虚数部分的字母 j 大小写都可,如 h＝3－5j,其中 3 为复数的实部,－5 为复数的虚部。

2) 字符串

字符串是一个有序的字符的集合,用于存储和表示基本的文本信息,指的是单引号或双引号括起来的文本部分。

特性：只能存放一个值,定义后不可以改变。若按照从左到右的顺序取值,则默认下标从 0 开始访问；若按照从右到左顺序取值,则默认从－1 开始访问。字符串的使用方法及注意事项将在 2.2.2 节讲解。

3) 布尔值

一个布尔值只有 True 和 False 两种(首字母必须大写),也可以通过布尔运算计算出来。

程序 2.2 布尔运算

```
1:    print(True)
2:    print(False)
3:    print(3 > 1)
4:    print(3 > 9)
```

输出：

```
True
False
```

```
True
False
```

布尔值也可以用 and、or 和 not 进行运算。and 为与运算，即全部为 True 则结果为 True；or 运算为或运算，只要有一个为 True，则结果就为 True；not 为非运算，是一个单目运算符，可以把 True 变为 False，把 False 变为 True。

程序 2.3　and、or、not 的布尔运算

```
1:    print(True and True)
2:    print(True and True and False)
3:    print(False or True)
4:    print(False or False)
5:    print(not False)
6:    print(not True)
```

输出:

```
True
False
True
False
True
False
```

4）列表

列表（list）在 Python 中使用得较为频繁，是 Python 中内置有序、可变的序列，可以存储大多数集合类的数据结构，支持字符、数字、字符串，甚至可以包含列表。列表是 Python 中最通用的数据类型，用［ ］标识，所有元素均放在方括号内部，列表的具体定义及使用方法将在2.2.3 节讲解。

5）转义字符

在字符串中常常会出现一些歧义，需要进行特殊处理，如 s＝'let's go!'，这个字符串 let's 本身包含了一个单引号，此时 Python 会将此单引号与前边的单引号进行匹配，看成一对，导致后边的内容错误，此时便可以使用"\"将字符串的特殊符号进行转义，即 s＝'let\'s go!'，这里 Python 会认为"\"后边的引号只是一个普通的字符，表 2-1 列出了常用的转义字符。

表 2-1　常用的转义字符

转义字符	描　述	转义字符	描　述
\	续行符	\000	空
\\	反斜杠符号	\f	换页
\'	单引号	\v	纵向制表符
\"	双引号	\t	横向制表符
\a	响铃	\r	回车
\b	退格	\e	转义
\n	换行		

2. 变量

变量是存储在内存中的值,这就意味着创建变量时会在内存中开辟一个空间。变量不仅可以是数字,还可以是任意数据类型。变量名必须为大小写英文字母、数字、下画线的组合,且不能用数字开头。

Python 中的变量赋值不需要类型声明,每个变量在内存中都包括变量的标识、名称和数据这些信息,且每个变量在使用前都必须赋值,赋值以后该变量才会被创建。在 Python 中,使用等号(=)给变量赋值,等号运算符左边是一个变量名,右边是存储在变量中的值。在 Python 中也可以同时进行多个变量的赋值。

程序 2.4　变量中的赋值

```
1:    number = 125
2:    distance = 123.4
3:    city = "Beijing"
4:    print(number)
5:    print(distance)
6:    print(city)
```

输出:

```
125
123.4
Beijing
```

程序 2.5　多个变量赋值

```
1:    a = b = c = 1
2:    print(a,b,c)
```

输出:

```
1 1 1
```

2.2.2　字符串和编码

1. Python 的字符串

1) 字符串的创建

字符串在前边进行过简单的讲解,它是 Python 中很常见的一种数据类型,在 Python 的语法中,使用单引号(' ')或双引号(" ")创建字符串,字符串的内容几乎可以包含任何字符,在 Python 3 中对中文有很好的支持,字符串的创建只要为变量分配一个值即可。

程序 2.6　字符串的创建

```
1:    str1 = 'Where are you from?'
2:    str2 = "你来自哪里?"
3:    print(str1)
4:    print(str2)
```

输出：

```
Where are you from?
你来自哪里?
```

如果字符串内部包含了单引号或双引号,这时就需要进行特殊处理,方式如下:

(1) 使用不同的引号将字符串括起来。

(2) 对引号进行转义。

程序 2.7 字符串包含引号

```
1:    str_name = 'I'm Joy'
2:    print(str_name1)
```

输出：

```
str_name = 'I'm Joy'
                    ^
SyntaxError: invalid syntax
```

解析:由于代码中的字符串包含了单引号,此时 Python 会将字符串的单引号与第一个单引号配对,而后边的单引号没有与之相配部分,从而导致语法错误。

程序 2.8 使用不同引号

```
1:    str_name1 = "I'm Joy"
2:    print(str_name1)
```

输出：

```
I'm Joy
```

同理,当字符串本身包含双引号,可以使用单引号将字符串整体括起来,也可以使用转义字符。Python 允许使用反斜杠(\\)将字符串中的特殊字符进行转义,如果字符串中既有单引号又有双引号,此时可以使用转义字符,如下所示。

程序 2.9 使用转义字符

```
1:    str3 = 'he said:"I\\'m Joy"'
2:    print(str3)
```

输出：

```
he said:"I'm Joy"
```

2) 字符串的截取

在 Python 中,可以使用方括号来截取字符串,遵循左闭右开的原则,字符串的索引值从 0 开始,如下所示。

程序 2.10　字符串的截取

```
1:    var1 = 'Hello World!'
2:    var2 = "Welcome to China"
3:    print("var1[1]:",var1[1])
4:    print("var2[1:3]:",var2[1:3])
```

输出:

```
var1[1]: e
var2[1:3]: el
```

此外也可以使用[ ]进行指定元素的截取,如下所示。

程序 2.11　指定元素截取方式

```
1:    str = "Welcome to China"
2:    print(str[1:])            ♯从下标为1的位置截取字符串到最后
3:    print(str[1: :2])         ♯从下标为1的位置开始截取,每隔两字符截取一次,直到最后
4:    print(str[-10:-6])        ♯从右到左索引
5:    print(str[::-1])
```

输出:

```
elcome to China
ecm oCia
e to
anihC ot emocleW
```

3) 字符串的拼接

字符串的拼接有三种方法:一是使用乘法重叠;二是使用加法拼接;三是使用join拼接。下面分别看一下这三种方法。

程序 2.12　字符串的拼接

```
1:    str1 = "Hello" * 3
2:    str2 = 'Hello' + 'World'
3:    a = 'world'
4:    str3 = ''.join(a)
5:    print(str1)
6:    print(str2)
7:    print(str3)
```

输出:

```
HelloHelloHello
HelloWorld
world
```

4）字符串的统计

在字符串的统计中，可以使用len()函数计算该字符串的长度，如下所示。

程序 2.13　统计字符串长度

```
1:    str = "Hello World"
2:    print(len(str))
```

输出：

```
11
```

注意：在使用len()函数统计字符串长度时，空格也会被计算在内。

5）字符串的切割

此处可使用split()函数进行字符串的切割，切割后的数据为列表的格式，如下所示。

程序 2.14　split()函数切割字符串

```
1:    str = "Aspiring people have become a success"
2:    print(str.split(" "))
3:    print(str.split("e"))
4:    print(str.split(" ",2))
```

输出：

```
['Aspiring', 'people', 'have', 'become', 'a', 'success']
['Aspiring p', 'opl', 'hav', 'b', 'com', 'a succ', 'ss']
['Aspiring', 'people', 'have become a success']
```

解析：程序使用split()函数对字符串进行切割：在代码第2行使用空格对内容进行切割；第3行使用字母e对字符串进行切割；第4行仍然使用空格进行切割，但此处增加一个条件，即切割次数。

6）查找字符串下标

在Python中，可以使用find()函数查找字符串的下标位置，还可以从一个字符串中查找另一个字符串或者字符的第一次出现的位置，如果找不到则返回-1。

程序 2.15　用find()查找字符串

```
1:    find_str = "Aspiring people have become a success"
2:    s1 = "become a success"
3:    print(find_str.find(s1))
4:    print(find_str.find("people"))
5:    print(find_str.find('e',11))
6:    print(find_str.find('k'))
```

输出：

```
21
9
```

```
14
-1
```

解析:上述程序中设置了两个字符串,其中 s1 是 find_str 的子串,代码第 3 行表示查找 s1 在 find_str 中的位置,此时会返回给用户 s1 字符串首字母所在的位置;第 4 行表示查找 "people"的位置,同样返回首字母的位置;第 5 行表示从下标为 11 的位置开始查找,直到返回第一次出现字母 e 的位置;第 6 行表示查找字母 k 的位置,此时若查找不到,则返回-1。

注意: 关于字符串的索引表,以"HELLO WORLD"为例。Python 支持两种字符串列表索引顺序:一种是从左到右索引,如表 2-2 所示;另一种是从右到左索引,如表 2-3 所示。

表 2-2　从左到右索引

字符串	H	E	L	L	O		W	O	R	L	D
索引值	0	1	2	3	4	5	6	7	8	9	10

表 2-3　从右到左索引

字符串	H	E	L	L	O		W	O	R	L	D
索引值	-11	-10	-9	-8	-7	-6	-5	-4	-3	-2	-1

2. Python 编码与转换

常用的编码方式如表 2-4 所示。

表 2-4　常用的编码方式

编码	制定时间	作　用	所占字节数
ASCII	1967 年	表示英语及西欧语言	8/1B
GB 2312	1980 年	国家简体中文字符集,兼容 ASCII	2B
GBK	1995 年	GB 2312 的扩展字符集,支持繁体字,兼容 GB 2312	2B
Unicode	1991 年	国际标准组织统一标准字符集	2B
UTF-8	1992 年	不定长编码	1～3B

1) ASCII

ASCII(American Standard Code for Information Interchange,美国信息交换标准代码)是一种基于拉丁字母的计算机编码系统,它是最通用的信息标准,主要用于显示现代英语和其他西欧语言。ASCII 第一次以规范标准的类型发表在 1967 年,最后一次更新是在 1986 年,截止到目前共定义了 128 个字符。

ASCII 的常见规则如下:

(1) 数字比字母小,如'9'<'A';

(2) 数字按从大小顺序递增,如'8'<'9';

(3) 字母按从 A 到 Z 的大小顺序递增,如'B'<'H';

(4) 同一个字母的小写字母比大写字母大,如'e'>'E'。

2) GB 2312

GB 2312 一般指信息交换用汉字编码字符集,它是 1980 年由中国国家标准总局发布,

1981 年 5 月开始实施的一套国家标准。GB 2312 适用于汉字处理、汉字通信等系统之间的信息交换,通常被用于中国、新加坡等。

GB 2312 对所收录字符进行分区处理,共 94 个区,每个区含有 94 个位,共 8836 个码位,这种表示方式也称为区位码。其中,01~09 区收录除汉字外的 682 个字符;10~15 区为空白区,没有使用;16~55 区收录 3755 个一级汉字,并按拼音排序;56~87 区收录 3008 个二级汉字,按部首/笔画排序;88~94 区为空白区,没有使用。

3) GBK

GBK 全称为汉字内码扩展规范,由全国信息技术标准化技术委员会于 1995 年制定。GBK 是在 GB 2312—1980 标准基础上的内码扩展规范,使用了双字节编码方案,编码范围为 8140~FEFE,共收录了 21 003 个汉字。

4) Unicode

Unicode 是计算机科学领域里的一项业界标准,1990 年开始研发,直到 1994 年才正式公布,包括字符集、编码方案等。因为计算机仅能处理数字,如果想要处理文本,就必须先把文本转换为数字才能处理。在早期,人们通常使用 ASCII 编码,但当表示中文时可能会出现编码冲突,在其他语言如日文、韩文中也存在许多问题。Unicode 是为了统一所有文字的编码,解决传统字符编码的局限性而产生的编码方式。Unicode 为每种语言中的每个字符设定了统一并且唯一的二进制编码,进而满足跨平台、跨语言进行文本转换及处理的要求。

5) UTF-8

UTF-8 是一种针对 Unicode 的可变长度字符编码,于 1992 年创建。UTF-8 是在互联网上使用最广泛的一种 Unicode 实现方式,它最大的一个特点就是一种变长的编码方式,可以使用 1~4B 表示一个符号,根据不同的符号而改变字节长度。UTF-8 的编码规则也很简单,只有两条:

(1) 对于单字节的符号,字节的最高位(即第一位)设为 0,后面的 7 位为这个符号的 Unicode 码。所以对于英语字母,UTF-8 编码和 ASCII 码是相同的。

(2) 对于有才 $n(n>1)$ 字节的符号,第一字节的前 n 位都设为 1,第 $n+1$ 位设为 0,后面字节的前两位均设为 10,剩下的二进制位全部为这个符号的 Unicode 码。

如单字节 UTF-8 编码方式为 0XXXXXXX(其中 X 表示某个字符的 Unicode 码,多出位置补 0),三字节 UTF-8 编码方式为:1110XXXX　10XXXXXX　10XXXXXX。

2.2.3　列表、元组及字典

1. 列表

列表是 Python 中最基本的数据结构,是一种线性表的表示方式,也是最常用的 Python 数据类型。列表的数据项可以是不同的数据类型,包括整型、浮点型、字符串。它可以是标准的数据类型,也可以是自定义的数据结构对象。Python 对列表也提供了非常便捷的操作,如创建、访问、切片、增加、扩展、更新、删除等。

03 列表
和元组

1) 创建列表

使用[ ]可创建列表,列表内的元素只需要使用逗号分隔不同的数据项。与字符串的索引一样,列表的索引从 0 开始。

程序 2.16 创建列表

```
1:    list1 = ['KangKang',18,'Boy','Music']
2:    list2 = [8,9,0,2,3,1]
3:    list3 = ['a',1,2,3,'b']
4:    print(list1)
5:    print(list2)
6:    print(list3)
```

输出:

```
['KangKang', 18, 'Boy', 'Music']
[8, 9, 0, 2, 3, 1]
['a', 1, 2, 3, 'b']
```

2) 访问列表中的值

这里可以使用索引访问列表中的值。

程序 2.17 访问列表中的值

```
1:    list1 = ['KangKang',18,'Boy','Music']
2:    print(list1[2])
3:    print(list1[-1])
```

输出:

```
Boy
Music
```

当索引超出范围时,Python 会报出一个 IndexError 的错误,所以在对列表进行访问时,要确保索引不越界,最后一个索引值为 len(list1)-1。

程序 2.18 超出索引值

```
1:    list1 = ['KangKang',18,'Boy','Music']
2:    print(list1[5])
```

输出:

```
Traceback (most recent call last):
  File "D:/pycharm project/c1/day2/list_1.py", line 2, in <module>
    print(list1[5])
IndexError: list index out of range
```

3) 列表的切片

切片可以实现一次性获取多个元素,操作规则为:列表[开始位置:结束位置:间隔],间隔可以不写,默认为 1。列表的切片同样遵守左闭右开规则。

程序 2.19 列表的切片

```
list1 = ['KangKang',18,'Boy','Music']
print(list1[:2])
print((list1[-2:]))           #取出最后两个元素
print(list1[::2])             #每2个取一次
print(list1[:])               #取出全部元素
```

输出：

```
['KangKang', 18]
['Boy', 'Music']
['KangKang', 'Boy']
['KangKang', 18, 'Boy', 'Music']
```

4) 列表的相加

列表的相加指的是将列表用加号"+"加起来。

程序 2.20 列表的相加

```
1:    list1 = ['KangKang',18,'Boy','Music']
2:    list2 = ["186cm","70kg"]
3:    list3 = list1 + list2
4:    print(list1)
5:    print(list2)
6:    print(list3)
```

输出：

```
['KangKang', 18, 'Boy', 'Music']
['186cm', '70kg']
['KangKang', 18, 'Boy', 'Music', '186cm', '70kg']
```

解析：列表的相加并没有改变原有列表的元素，list1 和 list2 仍为最开始定义的值。

5) 列表的扩展

这里使用 extend() 函数进行列表的扩展，观察下面结果。

程序 2.21 列表的扩展

```
1:    list1 = ['KangKang',18,'Boy','Music']
2:    list2 = ["186cm","70kg"]
3:    list1.extend(list2)
4:    print(list1)
5:    print(list2)
```

输出：

```
['KangKang', 18, 'Boy', 'Music', '186cm', '70kg']
['186cm', '70kg']
```

解析:此处使用 extend()对 list1 进行扩展,而 list2 没有任何改变。

6) 更新列表

可以使用索引值对列表进行更新。

程序 2.22　列表的更新

```
1:    list1 = ['KangKang',18,'Boy','Music']
2:    list1[0] = "186cm"
3:    list1[1] = "70kg"
4:    print(list1)
```

输出:

```
['186cm', '70kg', 'Boy', 'Music']
```

解析:当使用索引值对列表进行更新时,会替换掉该位置最开始的元素。如果不想替换掉原有元素,则可以使用 append()进行追加和 insert()进行插入。

程序 2.23　使用 append( )追加及 insert( )插入

```
1:    list1 = ['KangKang',18,'Boy','Music']
2:    list1.append("186cm")
3:    print(list1)
4:    list1.insert(1,"70kg")        ♯在索引值 1 的位置插入"70kg"
5:    print(list1)
```

输出:

```
['KangKang', 18, 'Boy', 'Music', '186cm']
['KangKang', '70kg', 18, 'Boy', 'Music', '186cm']
```

7) 列表的删除

列表的删除可以使用以下四种方式。

程序 2.24　使用 pop( )删除列表中的元素

```
1:    list1 = ['KangKang',18,'Boy','Music',"186cm","70kg"]
2:    list1.pop(2)                  ♯删除索引值为 2 的元素
3:    print(list1)
4:    list1.pop()                   ♯删除列表末尾的元素
5:    print(list1)
```

输出:

```
['KangKang', 18, 'Music', '186cm', '70kg']
['KangKang', 18, 'Music', '186cm']
```

程序 2.25　使用 del 删除列表元素

```
1:    list1 = ['KangKang',18,'Boy','Music',"186cm","70kg"]
```

```
2:    del list1[4]
3:    print(list1)
```

输出：

```
['KangKang', 18, 'Boy', 'Music', '70kg']
```

程序 2.26　使用 remove( )删除列表元素

```
1:    list1 = ['KangKang',18,'Boy','Music',"186cm","70kg"]
2:    list1.remove(18)
3:    print(list1)
```

输出：

```
['KangKang', 'Boy', 'Music', '186cm', '70kg']
```

解析：在使用 remove()删除列表元素时，不是通过索引值删除，而是直接通过元素的名称删除。

程序 2.27　使用 clear( )清空列表

```
1:    list1 = ['KangKang',18,'Boy','Music',"186cm","70kg"]
2:    list1.clear()
3:    print(list1)
```

输出：

```
[ ]
```

解析：当使用 clear()清空列表时，只是将所有元素都删除，列表仍然存在且为空列表。

2. 元组

元组(tuple)和列表的语法非常类似，但是元组一旦初始化就不能修改，且元组使用小括号表示，而列表使用方括号表示。

程序 2.28　元组

```
1:    tup1 = ('KangKang',18,'Boy','Music')          ♯创建元组
2:    print(tup1)
3:    tup2 = ("186cm","70kg")
4:    print(tup2)
5:    tup3 = tup1 + tup2                            ♯两个元组相加
6:    print(tup3)
```

输出：

```
('KangKang', 18, 'Boy', 'Music')
('186cm', '70kg')
('KangKang', 18, 'Boy', 'Music', '186cm', '70kg')
```

3. 字典

Python 中的字典是另一种可变容器模型,可以存储任意类型的对象,如数字、字符串、元组等。字典包括两部分:一是键(key);二是值(value)。且键是唯一的属性,如果在一个字典中重复出现了多个同样的键,最后出现的键会替换掉前边的,但值是不唯一的。

1) 创建字典

Python 中创建字典有两种方法:一种是使用花括号{ };另一种是使用 dict()函数创建,字典的键与值使用冒号":"分隔开,键与键使用逗号","分隔开。Python 除了可以使用花括号及 dict()对字典进行初始化外,还可以使用 fromkeys()方法对字典进行初始化,该方法可以从列表中获取元素作为键,并用 None 或 fromkeys()方法的第二个参数作为字典的值。

程序 2.29 字典的创建及初始化

```
1:    dict1 = {'a':'an','b':'be','c':'can'}
2:    dict2 = dict()
3:    dict3 = dict(d = 'defind')
4:    dict4 = dict().fromkeys(['name1','name2'],'KangKang')
5:    print(dict1)
6:    print(dict2)
7:    print(dict3)
8:    print(dict4)
```

输出:

```
{'a': 'an', 'b': 'be', 'c': 'can'}
{}
{'d': 'defind'}
{'name1': 'KangKang', 'name2': 'KangKang'}
```

2) 访问字典中的值

程序 2.30 访问字典中的值

```
1:    dict1 = {'Name':'KangKang','Age':'18','height':'186cm','weight':'70kg'}
2:    print(dict1)
3:    print(dict1['Age'])
4:    print(dict1.get('Name'))
5:    print(dict1.get('gender'))
```

输出:

```
{'Name': 'KangKang', 'Age': '18', 'height': '186cm', 'weight': '70kg'}
18
KangKang
None
```

解析:当使用字典的键获取值时,如果获取不存在的键则会触发一个 KeyError 的异常,如果使用 get()方法获取不存在的键值则不会触发异常,会返回一个空值 None。

3）字典的修改

程序 2.31 字典的修改

```
1:    dict1 = {'Name':'KangKang','Age':'18','height':'186cm','weight':'70kg'}
2:    dict1['Age'] = 20                                    #修改 Age 的值
3:    print(dict1)
4:    dict1.update({'gender':'male','jobs':'programmer'})  #在字典后边追加
5:    print(dict1)
6:    del dict1['height']                                  #删除键为 height 及对应的值
7:    print(dict1)
8:    dict1.pop('Name')                                    #删除键为 Name 及对应的值
9:    print(dict1)
```

输出：

```
{'Name': 'KangKang', 'Age': 20, 'height': '186cm', 'weight': '70kg'}
{'Name': 'KangKang', 'Age': 20, 'height': '186cm', 'weight': '70kg', 'gender': 'male', 'jobs':
'programmer'}
{'Name': 'KangKang', 'Age': 20, 'weight': '70kg', 'gender': 'male', 'jobs': 'programmer'}
{'Age': 20, 'weight': '70kg', 'gender': 'male', 'jobs': 'programmer'}
```

字典的其他使用方法如表 2-5 所示。

表 2-5 字典的其他使用方法

方法	说　　明	方法	说　　明
cmp(dict1，dict2)	比较两个字典元素	len(dict)	计算字典元素个数，即键的总数
dict. clear()	删除字典内所有元素	dict. copy()	返回一个字典的浅复制
dict. items()	以列表返回可遍历的（键，值）元组数组	dict. keys()	以列表返回一个字典所有的键
dict. values()	以列表返回字典中的所有值	popitem()	随机返回并删除字典中的一对键和值
dict. has_key(key)	如果键在字典 dict 中则返回 True,否则返回 False	dict. setdefault(key, default＝None)	和 get()方法类似，但如果键不存在于字典中，将会添加键并将值设为默认值

2.2.4　条件判断

Python 中的条件判断语句有三个：if、elif 和 else。其中，elif 是 else if 的缩写。条件判断的基本形式如下：

```
if <条件判断 1>:
    <执行 1>
elif <条件判断 2>:
    <执行 2>
elif <条件判断 3>:
    <执行 3>
else:
    <执行 4>
```

程序 2.32 Python 的条件判断

```
1:    score = int(input("你的成绩:"))
2:    if score < 0 or score > 100:
3:        print("重新输入")
4:    elif score < 60:
5:        print("不及格")
6:    elif score < 85:
7:        print("中等")
8:    else:
9:        print("优秀")
```

输出:

```
你的成绩: 89
优秀
```

解析: 在第 1 行中, 使用 input()输入函数, 用户可以输入字符串并保存到变量中, input 语句中的内容起到提示作用, 会输出在屏幕上。这里使用 int 进行类型转换。if 条件语句执行的特点是从上往下判断, 如果在某个判断上是 True, 则把该判断对应的语句执行完后, 就会忽略后面的 elif 与 else 语句。这里 elif 与 else 语句是可选的。需要注意的是, Python 中条件选择语句的判断后面有一个冒号。

2.2.5 循环

Python 有 while 和 for 两种循环方式, 没有 do…while 循环。两种循环的区别在于 while 循环之前会先判断, 在满足条件的情况下执行循环体内的语句, 而 for 循环必须有一个可迭代的对象才可以。循环中有三个比较重要的关键字: continue、break 和 pass。continue 的意思为跳出本次循环, 重新执行下一次循环; break 将停止整个循环; pass 是空语句, 是为了保持结构的完整性。

1. while 循环

用法:

```
while 条件:
      <执行语句>
```

while 循环语句流程如图 2-3 所示。

while 循环中的<执行语句>会一直循环执行, 直到条件为假时才退出循环体。下面以计算 1~10 的和为例学习 while 的用法。

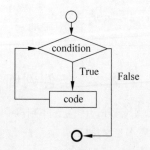

图 2-3 while 循环语句流程

程序 2.33 计算 1~10 的和

```
1:    count = 0
2:    sum = 0
3:    while count <= 10:
```

```
4:        sum = sum + count
5:        count = count + 1
6:    print(sum)
```

输出：

```
55
```

解析：在 while 循环体内使用了自增变量（第 6 行）控制循环条件，这是一种常用的方法。

2. for 循环

用法：

```
for iter_var in iterable:
    statement(s)
```

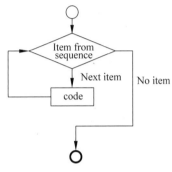

图 2-4 for 循环语句流程

for 循环语句中的 iterable 必须是可迭代对象，包括列表、元组、字符串、字典，循环会依次访问已选定的迭代对象，当 iterable 中的所有项都被访问后，退出循环。for 循环语句流程如图 2-4 所示。

程序 2.34 使用 for 循环计算 1~10 的和

```
1:    sum = 0
2:    for i in range(11):
3:        sum = sum + i
4:    print(sum)
```

输出：

```
55
```

解析：range() 函数会返回一个整数列表，在 for 循环中经常使用。例如，range(n) 函数会返回一个 $[0,1,2,\cdots,n-1]$ 的列表，range(x,y) 会返回一个 $[x,x+1,x+2,\cdots,y-1]$ 的列表，当 range() 函数有三个参数时，如 range(x,y,z)，此时 z 表示步长。

程序 2.35 range() 函数的使用

```
1:    print(list(range(10)))
2:    print(list(range(2,9,3)))
3:    print(list(range(1,10,3)))
4:    print(list(range(0)))
```

输出：

```
[0, 1, 2, 3, 4, 5, 6, 7, 8, 9]
[2, 5, 8]
```

```
[1, 4, 7]
[]
```

程序 2.36 for 循环遍历元组

```
1:    tup1 = ('a','b','c','d')
2:    for i in tup1:
3:        print("现在的字母为:",i)
```

输出：

```
现在的字母为: a
现在的字母为: b
现在的字母为: c
现在的字母为: d
```

程序 2.37 计算列表元素的总和及平均值

```
1:    list1 = [1,2,3,4,5,6]
2:    count = 0
3:    sum = 0
4:    for i in list1:
5:        sum = sum + i
6:        count = count + 1
7:    print("列表的总和为:",sum)
8:    print("列表的平均值为:",sum/count)
```

输出：

```
列表的总和为: 21
列表的平均值为: 3.5
```

程序 2.38 for 循环遍历字典

```
1:    dict1 = {"Name":"KangKang","Age":20,"Height":186,"Weight":70}
2:    for key,value in dict1.items():        #使用 items()方法遍历所有 key-ue 对
3:        print(key,value)
```

输出：

```
Name KangKang
Age 20
Height 186
Weight 70
```

3. break 语句

break 语句作用于循环语句(while、for 语句)中，用来终止当前循环语句的执行，即使循环条件没有 False 条件或者序列还没被完全访问完，也会停止循环执行语句。break 语句流程

如图 2-5 所示。

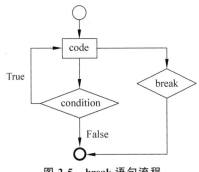

图 2-5 break 语句流程

程序 2.39 break 语句用法

```
1:    for i in 'Hi World':
2:        if i = = 'r':
3:            break            #跳出循环
4:        print(i)
```

输出：

```
H
i

W
o
```

4. continue 语句

continue 语句会跳出本次循环,执行下一次循环。它与 break 不同,break 语句跳出整个循环。continue 语句流程如图 2-6 所示。

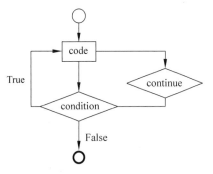

图 2-6 continue 语句流程

程序 2.40 continue 语句

```
1:    for i in 'Hi World':
2:        if i = = 'r':
3:            continue
4:        print(i)
```

输出：

```
H
i

W
o

r
l
d
```

04 Python
基本语法

2.2.6　函数的定义与调用

1. Python 的函数

在程序中,函数具有某种功能,是组织好的可以重复使用的一段代码段。在程序中使用函数可以提高应用的模块性,减少代码的冗余。Python 提供了许多内建函数,例如前边使用过的 print()、input()、len()等,同时用户也可以自己创建函数(这种函数称为自定义函数)。

2. 函数的定义

当用户进行自定义函数时,需要遵循如下规则:

- 用 def 关键字定义函数,后接函数名称;
- 括号里可以用于定义参数;
- 定义函数的语句末尾必须有冒号,并且函数内部语句有缩进;
- 函数必须要先定义,后调用;
- return 表示结束函数并返回一个值给调用方,如果函数体内没有 return,则相当于返回一个 None。

函数定义语法:

```
def functionname( parameters ):
    function_suite
    return [expression]
```

3. 函数的调用

在定义函数时,需要给函数定义一个名字并指定函数所需的参数、代码块结构,这样函数的基本结构就完成了,此时可以通过另一个函数调用执行,也可以直接由 Python 提示符执行。

在函数定义及调用时,涉及参数的设置。函数的参数分为两类:一是形参;二是实参。形参即形式上的参数,没有实际的值,需要通过赋值才有意义,在函数内部作为变量使用。实参即有实际意义的参数,是一个真实存在的值,可以是数字、字符串等。

程序 2.41　函数的定义及调用

```
1:    def num_add(x,y):            #定义函数,括号内为形参
2:        sum = x + y
3:        return sum
4:    sum1 = num_add(2,4)          #调用函数,括号内为实参
5:    sum2 = num_add(78,90)
6:    print(sum1)
7:    print(sum2)
```

输出:

```
6
168
```

解析:在代码的第 1~3 行中定义了一个函数,函数名为 num_add,函数中有两个参数 x、

y,并在函数体内实现两个参数的相加。在第 3 行中将求和后的值返回给调用者。在代码的第 4、5 行中通过函数名调用定义的函数,并对参数进行赋值,最后在第 6、7 行中实现输出。可以看出,使用函数可以减少代码的重复,相同的任务可直接调用写好的函数。

注意:

- 函数体内可以包含多个 return,但只要执行一次函数就会结束运行;
- return 可以返回任意数据类型;
- return 可以返回无限个值。

　2.3　第三方模块的安装与使用

在开发某一项目时,如果把所有代码都写在一个 Python 文件中,这个文件就会越来越长,越来越不容易维护。为了解决这一问题,根据功能不同的代码进行分组,分别放到不同的文件中,这样每个 Python 文件代码就会减少,利于检查和维护。

模块(module)实质上指的是一个 Python 文件,以.py 为扩展名,包含了 Python 对象定义和 Python 语句。模块可以用来组织 Python 代码,使用户在编写时更具有逻辑性。使用模块的好处在于用户可以使用前人或自己写好的代码,不必从头开始,还可以避免函数名和变量名的冲突,相同名字的函数和变量可以存在于不同的模块中。

但是当用户编写很多模块时,如果模块的名字重复了怎么办?此时在调用模块时该调用哪个?为了解决这一问题又引入了组织模块的方法,称为包(package),有了包,只要包名不重复,包内的模块就不会发生冲突。

1. 模块的安装

Python 模块可以在命令提示符中安装,按 Win+r 组合键,输入 cmd 后按 Enter 键,如图 2-7 所示。在命令提示符中输入 pip list 可查看所有已安装的 Python 模块,如图 2-8 所示。

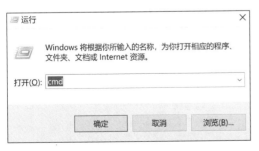

图 2-7　输入 cmd　　　　图 2-8　已安装的 Python 模块

卸载模块可以使用 pip uninstall ＋ 模块名，如图 2-9 所示。安装模块可以使用 pip install ＋模块名，如图 2-10 所示。

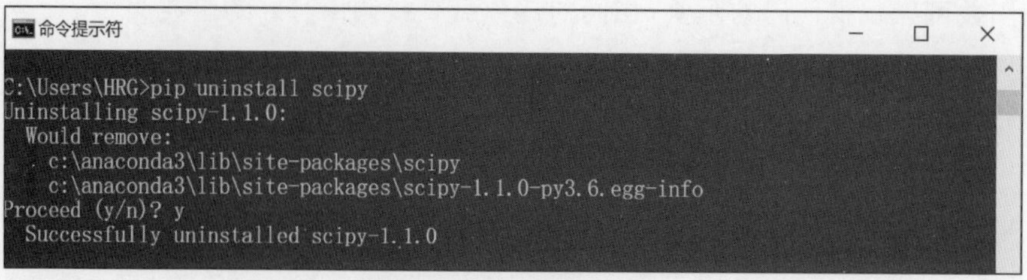
命令提示符
C:\Users\HRG>pip uninstall scipy
Uninstalling scipy-1.1.0:
Would remove:
c:\anaconda3\lib\site-packages\scipy
c:\anaconda3\lib\site-packages\scipy-1.1.0-py3.6.egg-info
Proceed (y/n)? y
Successfully uninstalled scipy-1.1.0

图 2-9 卸载模块

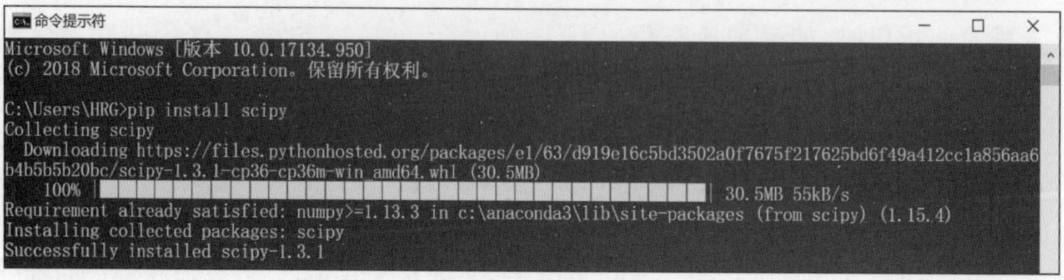
命令提示符
Microsoft Windows [版本 10.0.17134.950]
(c) 2018 Microsoft Corporation。保留所有权利。
C:\Users\HRG>pip install scipy
Collecting scipy
Downloading https://files.pythonhosted.org/packages/e1/63/d919e16c5bd3502a0f7675f217625bd6f49a412cc1a856aa6b4b5b5b20bc/scipy-1.3.1-cp36-cp36m-win_amd64.whl (30.5MB)
100% | 30.5MB 55kB/s
Requirement already satisfied: numpy>=1.13.3 in c:\anaconda3\lib\site-packages (from scipy) (1.15.4)
Installing collected packages: scipy
Successfully installed scipy-1.3.1

图 2-10 安装模块

也可以在 Pycharm 中安装模块。在菜单栏中选择 File→Settings→Project: book→Project Interpreter 命令，单击图 2-11 中的加号后，可在搜索栏中搜索需要安装的模块，选中模块后单击 Install Package 按钮，如图 2-12 所示。

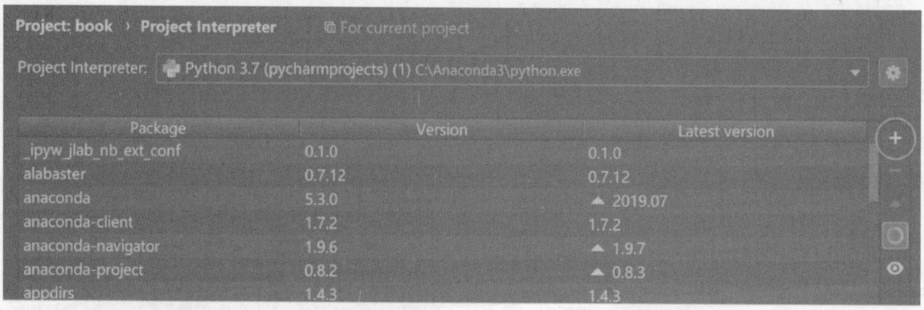
Project: book › Project Interpreter
For current project
Project Interpreter: Python 3.7 (pycharmprojects) (1) C:\Anaconda3\python.exe
Package
Version
Latest version
_ipyw_jlab_nb_ext_conf 0.1.0 0.1.0
alabaster 0.7.12 0.7.12
anaconda 5.3.0 2019.07
anaconda-client 1.7.2 1.7.2
anaconda-navigator 1.9.6 1.9.7
anaconda-project 0.8.2 0.8.3
appdirs 1.4.3 1.4.3

图 2-11 模块的安装过程 1

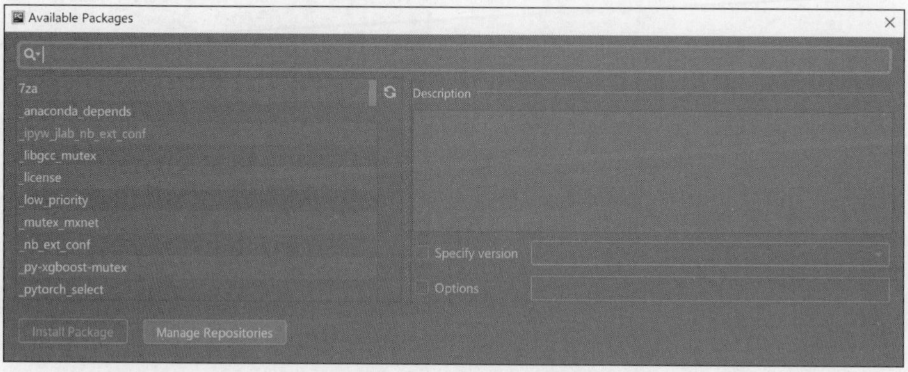
Available Packages
7za
_anaconda_depends
_ipyw_jlab_nb_ext_conf
_libgcc_mutex
_license
_low_priority
_mutex_mxnet
_nb_ext_conf
_py-xgboost-mutex
_pytorch_select
Description
Specify version
Options
Install Package
Manage Repositories

图 2-12 模块的安装过程 2

2. Python 模块的导入

模块定义好后,可以使用 import 语句导入,语法如下:

```
import module1[, module2[, … moduleN]]
```

程序 2.42　用 import 导入模块

```
1:    import math
2:    print(math.e)
3:    print(math.sqrt(400))
4:    print(math.pow(3,2))
5:    print(math.sin(math.pi/2))
```

输出:

```
2.718281828459045
20.0
9.0
1.0
```

解析:上述以 math 模块为例,使用 import 导入,代码第 2~5 行分别用来求 e 的值、平方根、幂、正弦值。这里可以感觉到使用模块的优势,用户可以直接调用写好的模块及内部方法,减少了代码的复杂性。

from…import 语句可以从模块中导入一个指定的部分到当前文件中,语法如下:

```
from modname import name1[, name2[, … nameN]]
```

程序 2.43　from…import 导入模块

```
1:    from math import pi
2:    print(pi)
```

输出:

```
3.141592653589793
```

这里仅仅导入 math 模块中的 pi,如果使用 math 模块中的其他方法将会报错。

```
1:    from math import pi
1:    print(math.sqrt(100))
```

输出:

```
Traceback (most recent call last):
  File "D:/pycharm project/c1/day2/mod.py", line 2, in < module >
    print(math.sqrt(100))
NameError: name 'math' is not defined
```

注意：如果导入整个模块可以使用模块中的所有对象；如果指定导入某个对象，就只能使用该对象。

from…import * 语句可以将一个模块中的所有内容都导入当前文件，如：

```
from math import *
```

2.4　文件读写

读写文件是常见的操作，Python 具有内置的读写文件函数。操作系统提供了在磁盘上读写文件的功能，然而操作系统不允许普通的程序直接对磁盘进行操作，所以需要请求操作系统打开一个文件对象，再通过操作系统提供的接口从这个文件对象中读取数据，或者把数据写入这个文件对象中。

1. 获取文件路径

文件路径包括绝对路径和相对路径。绝对路径是从根文件夹开始的，相对路径相当于程序的当前工作目录。

1）绝对路径

```
1:   'C:\\pycharm\\book\\test.txt'
```

解析：所有 Windows 下的文件路径都采用双反斜杠"\\"表示，没有根文件夹开始的文件名和路径，都假定在当前工作的目录下。

2）相对路径

```
1:   'test.txt'
```

2. 读文件

使用 Python 内置的 open()函数打开一个文件，open()函数会返回给用户一个可迭代的文件对象。

程序 2.44　读文件

```
1:   f = open('exam.txt','r')
2:   print(f.read())
3:   f. close()
```

输出：

```
When You Are Old
By William Butler Yeats
When your are old and gray and full of sleep,
And nodding by the fire,
take down this book,
And slowly read, and dream of the soft look your eyes had once,
```

```
and of their shadows deep;
How many loved your moments of glad grace,
And loved your beauty with love false or true,
But one man loved the pilgrim soul in you,
And loved the sorrows of your changing face;
And bending down beside the glowing bars, Murmur,
a little sadly,
how love fled And paced upon the mountains overhead And hid his face amid a crod of stars
```

解析：此处使用的是相对路径，TXT 文件在当前目录下，内容事先已写好，r 表示以只读方式打开这个文本文件，其他模式如表 2-6 所示。read()方法用于从一个打开的文件中读取一个字符串。最后需要调用 close()方法关闭文件，如果不关闭，打开的文件则会占用操作系统资源，并且操作系统在同一时间打开的文件数量也是有限的。如果读取的文件不存在，则会抛出一个 FileNotFoundError 的错误，如下所示：

```
Traceback (most recent call last):
File "D:/pycharm project/c1/test/read_file.py", line 1, in <module>
f = open('exams.txt','r')
FileNotFoundError: [Errno 2] No such file or directory: 'exams.txt'
```

表 2-6 打开文件模式

模式	说　　明	模式	说　　明
b	二进制模式	t	文本模式（默认）
r	以只读方式打开文件。文件的指针将会放在文件的开头。这是默认模式	rb	以二进制格式打开一个文件用于只读。文件指针将会放在文件的开头。这是默认模式。一般用于非文本文件，如图片等
r+	打开一个文件用于读写。文件指针将会放在文件的开头	rb+	以二进制格式打开一个文件用于读写。文件指针将会放在文件的开头。一般用于非文本文件，如图片等
w	打开一个文件只用于写入。如果该文件已存在则打开文件，并从开头开始编辑，即原有内容会被删除；如果该文件不存在，则创建新文件	wb	以二进制格式打开一个文件只用于写入。如果该文件已存在则打开文件，并从开头开始编辑，即原有内容会被删除；如果该文件不存在，则创建新文件。一般用于非文本文件，如图片等
w+	打开一个文件用于读写。如果该文件已存在则打开文件，并从开头开始编辑，即原有内容会被删除；如果该文件不存在，则创建新文件	wb+	以二进制格式打开一个文件用于读写。如果该文件已存在则打开文件，并从开头开始编辑，即原有内容会被删除；如果该文件不存在，则创建新文件。一般用于非文本文件，如图片等
a	打开一个文件用于追加。如果该文件已存在，文件指针将会放在文件的结尾，也就是说新的内容将会被写入已有内容之后；如果该文件不存在，则创建新文件进行写入	ab	以二进制格式打开一个文件用于追加。如果该文件已存在，文件指针将会放在文件的结尾，也就是说新的内容将会被写入到已有内容之后；如果该文件不存在，则创建新文件进行写入

模式	说　　明	模式	说　　明
a+	打开一个文件用于读写。如果该文件已存在,文件指针将会放在文件的结尾。文件打开时会是追加模式;如果该文件不存在,则创建新文件用于读写	ab+	以二进制格式打开一个文件用于追加。如果该文件已存在,文件指针将会放在文件的结尾;如果该文件不存在,则创建新文件用于读写

在读取文件时总会出现一些错误,例如 IOError 类型错误,一旦发生这种情况文件关闭语句将不会执行,这会导致资源浪费,可以使用以下两种方式解决:一是使用 try…except…finally 错误处理机制;二是通过 with 语句自动调用 close()方法。文件读取方式如表 2-7 所示。

表 2-7　文件读取方式

读取方式	说　　明
f. read(size)	参数 size 表示读取的数量,省略参数表示读取文件所有内容
F,readlines()	读取所有的行到数组中
f. readline()	读取文件一行的内容

程序 2.45　try…finally 处理

```
1:   try:
2:       f = open('exam.txt','r')
3:       print(f.read())
4:   finally:
5:       f.close()
```

程序 2.46　with 语句处理

```
1:   with open('exam.txt','r') as f:
2:       print(f.read())
```

3. 写文件

写文件和读文件差不多,只是将 r 模式改为 w。写文件使用 write()方法,可以将任何字符串写入一个打开的文件中。

程序 2.47　写文件

```
1:   f = open('book.txt','w')
2:   f. write('Hello Python')
3:   f. close()
```

解析:写文件时如果打开的文件不存在,会自动为用户创建。同样也可以使用 with 写文件:

```
1:    with open('Book.txt','w') as f:
2:        f.write('Hi Kangkang')
```

2.5　NumPy 的使用

05 NumPy
的使用

2.5.1　NumPy 简介、下载与安装

NumPy 是 Python 语言的一个扩展程序库,支持大量维度数组与矩阵运算,一般与 SciPy、Matplotlib 一起使用。NumPy 可以执行数组的算术和逻辑运算、傅里叶变换、图形操作、生成线性代数和随机数等相关操作,下面为 NumPy 的下载及安装。

安装 NumPy 最简单的方法就是使用 pip 工具,如图 2-13 所示。大家也可自行下载 Anaconda 安装 NumPy,Anaconda 可以进行大规模的数据处理、预测分析、科学计算等管理和部署,使用 Anaconda 下载各种库文件十分方便。

```
C:\Users\xxx>pip install numpy
Collecting numpy
  Downloading https://files.pythonhosted.org/packages/26/26/73ba03b2206371cdef62afebb877e
9ba90a1f0dc3d9de22680a3970f5a50/numpy-1.17.0-cp37-cp37m-win_amd64.whl (12.8MB)
                                                                    | 12.8MB 91kB/s
Installing collected packages: numpy
Successfully installed numpy-1.17.0
```

图 2-13　使用 pip 工具安装 NumPy

2.5.2　数据类型

对于科学计算而言,Python 自带的数据类型远远不能满足用户的需求,而 NumPy 支持的数据类型比 Python 内置的类型要多一些,其中有一部分对应 Python 内置类型。表 2-8 列出了 NumPy 的基本数据类型。

表 2-8　NumPy 的基本数据类型

类型	说　　明	类型	说　　明
bool_	布尔型数据类型	int_	默认整数类型
intc	与 C 语言的 int 类型一样,一般是 int32 或 int64	intp	用于索引的整数类型
int8	字节($-128\sim127$)	int16	整数($-32\ 768\sim32\ 767$)
int32	整数($-2^{31}\sim2^{31}-1$)	int64	整数($-2^{63}\sim2^{63}-1$)
uint8	无符号整数($0\sim255$)	uint16	无符号整数($0\sim65\ 535$)
uint32	无符号整数($0\sim2^{32}-1$)	uint64	无符号整数($(0\sim2^{64}-1)$)
float_	float64 类型的简写	float16	半精度浮点数,包括 1 个符号位、5 个指数位和 10 个尾数位
float32	单精度浮点数,包括 1 个符号位、8 个指数位和 23 个尾数位	float64	双精度浮点数,包括 1 个符号位、11 个指数位和 52 个尾数位
complex_	complex128 类型的简写,即 128 位复数	complex64	复数,表示双 32 位浮点数(实数部分和虚数部分)

续表

类型	说　　明	类型	说　　明
complex128	复数,表示双 64 位浮点数(实数部分和虚数部分)		

表 2-9 为 NumPy 的部分内置特征码。采用特征码表示数据类型时,第一个字符指明数据种类,其余字符指明每一种数据类型的字节。

表 2-9　NumPy 的部分内置特征码

内置特征码	说　　明	内置特征码	说　　明
b	布尔型	i	有符号整型
u	无符号整型	f	浮点型
c	复数	V	原始数据
S	字节字符串	O	Python 对象
U	Unicode 字符串		

2.5.3　数组的创建与索引

NumPy 中的多维数组称为 ndarray,由两部分组成:数据本身和描述数据的元数据。NumPy 数组通常由相同种类的元素组成,即数组中数据类型必须一致,这样可以轻松确定存储数组所需的空间。

1. 创建数组

numpy.empty()方法可以创建一个指定形状、数据类型且未初始化的数组。使用numpy.empty()方法创建的数组通常数组内元素为空,没有实际意义,所以也是创建数组方法中最快的一种。

语法:

```
numpy.empty(shape, dtype, order )
```

表 2-10 对应各参数的说明。

表 2-10　numpy.empty()方法参数说明

参　　数	说　　明
shape	数组形状
dtype	数据类型,可自行选择
order	表示计算机内存中存储元素的顺序,包括 C 与 F 两个选项,分别表示行优先和列优先

程序 2.48　numpy.empty()方法创建数组

```
1:    import numpy as np
2:    x = np.empty([2,4], dtype = int)
3:    print (x)
```

输出：

```
[[2128575739 1309500030 1661424176 1988385690]
 [1324770695      12290           0 1600482415]]
```

解析：数组元素为随机值，因为它们未初始化。

numpy. zeros()方法可以创建指定大小的数组，数组元素以 0 填充。

语法：

```
numpy.zeros(shape, dtype, order)
```

程序 2.49　用 numpy. zeros( )方法创建数组

```
1:    import numpy as np
2:    x = np.zeros((2,2), dtype = np.int)
3:    print (x)
```

输出：

```
[[0  0]
 [0  0]]
```

numpy. ones()方法可以创建指定形状的数组，数组元素以 1 填充。

语法：

```
numpy.ones(shape, dtype,order)
```

程序 2.50　用 numpy. ones( )方法创建数组

```
1:    import numpy as np
2:    x = np.ones([2,2], dtype = int)
3:    print (x)
```

输出：

```
[[1 1]
 [1 1]]
```

numpy. asarray()方法可以将结构数据转换为多维数组（ndarray），并且不会占用新的内存。

语法：

```
numpy.asarray(a, dtype, order)
```

表 2-11 对应各参数的说明。

表 2-11　numpy. asarray( )方法参数说明

参　　数	说　　明
a	任意形式的输入参数,可以是列表、列表的元组、元组、元组的元组、元组的列表和多维数组
dtype	数据类型,可自行选择
order	表示计算机内存中存储元素的顺序,包括 C 与 F 两个选项,分别表示行优先和列优先

程序 2.51　将列表、元组转换为 ndarray

```
1:    import numpy as np
2:    x = [1, 2, 3]
3:    y = (4,5,6)
4:    z = [(1,2,3),(4,5)]
5:    a1 = np. asarray(x,dtype = float)
6:    a2 = np. asarray(y)
7:    a3 = np. asarray(z)
8:    print(a1,'\n',a2,'\n',a3)
```

输出:

```
[1. 2. 3.]
 [4 5 6]
 [(1, 2, 3) (4, 5)]
```

numpy. fromBuffer( )方法可以用于实现动态数组,接收 buffer 输入参数,以流的形式读入并转换为 ndarray 对象。

语法:

```
numpy. frombuffer(buffer, dtype, count, offset)
```

表 2-12 对应各参数的说明。

表 2-12　numpy. frombuffer( )方法参数说明

参　　数	说　　明
buffer	可以是任意对象,会以流的形式读入
dtype	数据类型,可自行选择
count	读取的数据数量,默认为 -1,读取所有数据
offset	读取的起始位置,默认为 0

程序 2.52　动态数组 1

```
1:    import numpy as np
2:    s = b'Hi frombuffer'
3:    a = np. frombuffer(s, dtype = 'S1')
4:    print(a)
```

输出:

```
[b'H' b'i' b' ' b'f' b'r' b'o' b'm' b'b' b'u' b'f' b'f' b'e' b'r']
```

numpy.fromiter()方法可以从可迭代对象中建立 ndarray 对象,返回一维数组。

语法:

```
numpy.fromiter(iterable, dtype, count = -1)
```

表 2-13 对应各参数的说明。

表 2-13   numpy.fromiter()方法参数说明

参　数	说　明
iterable	可迭代对象
dtype	返回数组的数据类型
count	读取的数据数量,默认为-1,读取所有数据

程序 2.53 动态数组 2

```
1:    import numpy as np
2:    list = range(5)
3:    a = iter(list)
4:    x = np.fromiter(a, dtype = float)
5:    print(x)
```

输出:

```
[0. 1. 2. 3. 4.]
```

numpy.arange()方法可以创建数值范围并返回 ndarray 对象。

语法:

```
numpy.arange(start, stop, step, dtype)
```

该方法根据 start 与 stop 指定的范围以及 step 设定的步长,生成一个 ndarray。表 2-14 对应各参数的说明。

表 2-14   numpy.arange()方法参数说明

参　数	说　明
start	起始值,默认值为 0
stop	终止值(不包含)
step	步长,默认值为 1
dtype	返回数组的数据类型,如果没有提供,则会使用输入数据的类型

程序 2.54 numpy.arange()方法

```
1:    import numpy as np
2:    x = np.arange(10,50,8)
3:    print (x)
```

输出：

```
[10 18 26 34 42]
```

numpy.linspace()方法可以用于创建一个一维数组,数组是由一个等差数列构成的。

语法:

```
np.linspace(start, stop, num, endpoint, retstep, dtype),
```

表 2-15 对应各参数的说明。

表 2-15   numpy.linspace()方法参数说明

参　　数	说　　明
start	起始值,默认值为 0
stop	序列的终止值,如果 endpoint 为 True,则该值包含于数列中
num	步长,默认值为 50
endpoint	该值为 Ture 时,数列中包含 stop 值,反之不包含,默认是 True
retstep	如果为 True 时,会显示间距,反之不显示
dtype	数据类型

程序 2.55   numpy.linspace()方法

```
1:    import numpy as np
2:    x = np.arange(10,50,8)
3:    print (x)
```

输出:

```
[10 18 26 34 42]
```

numpy.logspace()方法可以用于创建一个等比数列。

语法:

```
np.logspace(start, stop, num = 50, endpoint = True, base = 10.0, dtype = None)
```

表 2-16 对应各参数的说明。

表 2-16   numpy.logspace()方法参数说明

参　　数	说　　明
start	序列的起始值为 base ** start
stop	序列的终止值为 base ** stop。如果 endpoint 为 True,则该值包含于数列中
num	步长,默认值为 50
endpoint	该值为 Ture 时,数列中包含 stop 值,反之不包含,默认为 True
base	对数 log 的底数
dtype	数据类型

程序 2.56　numpy. linspace( )方法

```
1:    import numpy as np
2:    a = np.logspace(0,4,5,base = 2)
3:    print (a)
```

输出：

```
[ 1.  2.  4.  8. 16.]
```

2. 数组索引

ndarray 数组可以基于 $0\sim n$ 的下标进行索引，切片对象可以通过内置的 slice( )函数，并设置 start、stop 及 step 参数进行，从原数组中切割出一个新数组。

语法：

```
np.logspace(start, stop, num = 50, endpoint = True, base = 10.0, dtype = None)
```

也可以通过冒号分隔切片参数 start：stop：step 进行切片操作。

程序 2.57　简单索引

```
1:    import numpy as np
2:    a = np.arange(10)              # [0 1 2 3 4 5 6 7 8 9]
3:    b = np.array([[1,2,3],[3,4,5],[4,5,6]])
4:    x1 = slice(1,9,3)             # 从索引 2 开始到索引 7 停止,间隔为 2
5:    x2 = a[2:8:2]                 # 从索引 2 开始到索引 7 停止,间隔为 2
6:    x3 = a[5]
7:    x4 = a[3:]
8:    x5 = a[2:5]
9:    x6 = b[1:] # 从某个索引处开始切割
10:   print (a[x1],'\n',x2,'\n',x3,'\n',x4,'\n',x5,'\n',x6)
```

输出：

```
[1 4 7]
 [2 4 6]
 5
 [3 4 5 6 7 8 9]
 [2 3 4]
 [[3 4 5]
 [4 5 6]]
```

3. 高级索引

NumPy 比一般的 Python 序列提供更多的索引方式。除了之前看到的用整数和切片的索引外，数组可以由整数数组索引、布尔索引。

程序 2.58　整数数组索引

```
1:    import numpy as np
2:    x = np.array([[0, 1, 2], [3, 4, 5], [6, 7, 8], [9, 10, 11]])
3:    rows = np.array([[0, 3], [3, 3]])
4:    cols = np.array([[0, 1], [0, 2]])
5:    y = x[rows, cols]
6:    print(y)
```

输出：

```
[[ 0 10]
 [ 9 11]]
```

此时返回的结果是包含每个角元素的 ndarray 对象。

布尔索引通过布尔运算(如比较运算符)获取符合指定条件的元素的数组。

程序 2.59　布尔索引

```
1:    import numpy as np
2:    print('大于 5 的元素是：')          #打印出大于 5 的元素
3:    print(x[x > 5])
```

输出：

```
大于 5 的元素是：
[ 6  7  8  9 10 11]
```

2.5.4　数组的操作

NumPy 中包含了一些用于处理数组的函数，大概可分为以下几类。

1. 修改数组形状

numpy.reshape()函数可以在不改变数据的条件下修改数组形状。

语法：

```
numpy.reshape(arr, newshape, order = 'C')
```

表 2-17 对应各参数的说明。

表 2-17　numpy.reshape()函数参数说明

参　　数	说　　明
arr	要修改形状的数组
newshape	整数或者整数数组，新的形状应当兼容原有形状
order	'C' 表示按行填充；'F' 表示按列填充；'A' 表示按原顺序填充，默认情况下相当于按行填充；'k' 表示元素在内存中的出现顺序

程序 2.60 numpy.reshape( )函数

```
1:    import numpy as np
2:    a = np.arange(8)
3:    print('原始数组:')
4:    print(a)
5:    b = a.reshape(2, 4)
6:    print('修改后的数组:')
7:    print(b)
```

输出：

```
原始数组:
[0 1 2 3 4 5 6 7]
修改后的数组:
[[0 1 2 3]
 [4 5 6 7]]
```

numpy.ndarray.flatten( )函数返回一份数组副本,对副本所做的修改不会影响原始数组。

语法：

```
numpy.ndarray.flatten(order = 'C')
```

表 2-18 对应各参数的说明。

表 2-18 numpy.ndarray.flatten( )函数参数说明

参 数	说 明
order	'C' 表示按行填充；'F' 表示按列填充；'A' 表示按原顺序填充,默认情况下相当于按行填充；'k' 表示元素在内存中的出现顺序

程序 2.61 numpy.ndarray.flatten( )函数

```
1:    import numpy as np
2:    a = np.arange(8).reshape(2, 4)
3:    print('原数组:')
4:    print(a)              #默认按行
5:    print('展开的数组:')
6:    print(a.flatten())
7:    print('以 F 风格顺序展开的数组:')
8:    print(a.flatten(order = 'F'))
```

输出：

```
原数组:
[[0 1 2 3]
 [4 5 6 7]]
展开的数组:
[0 1 2 3 4 5 6 7]
以 F 风格顺序展开的数组:
[0 4 1 5 2 6 3 7]
```

2. 翻转数组

numpy. transpose()函数用于对换数组的维度。

语法：

```
numpy.transpose(arr, axes)
```

表 2-19 对应各参数的说明。

表 2-19　numpy. transpose( )函数参数说明

参　　数	描　　述
arr	要操作的数组
axes	整数列表,对应维度,通常所有维度都会对换

程序 2.62　numpy. transpose( )函数

```
1:    import numpy as np
2:    a = np.arange(8).reshape(2, 4)
3:    print('原数组:')
4:    print(a)
5:    print('对换数组:')
6:    print(np.transpose(a))
```

输出：

```
原数组:
[[0 1 2 3]
 [4 5 6 7]]
对换数组:
[[0 4]
 [1 5]
 [2 6]
 [3 7]]
```

numpy. rollaxis()函数向后滚动特定的轴到一个特定位置。

语法：

```
numpy.rollaxis(arr, axis, start)
```

表 2-20 对应各参数的说明。

表 2-20　numpy. rollaxis( )函数参数说明

参　　数	说　　明
arr	要操作的数组
axis	要向后滚动的轴,其他轴的相对位置不会改变
start	默认为零,表示完整的滚动,会滚动到特定位置

程序 2.63 numpy.rollaxis()函数

```
1:    import numpy as np
2:    a = np.arange(8).reshape(2,2,2)          # 创建三维 ndarray
3:    print('原数组：')
4:    print(a)
5:    print('调用 rollaxis()函数：')           # 将轴2滚动到轴0(宽度到深度)
6:    print(np.rollaxis(a, 2))
7:    print('调用 rollaxis()函数：')           # 将轴0滚动到轴1(宽度到高度)
8:    print(np.rollaxis(a, 2, 1))
```

输出：

```
原数组：
[[[0 1]
  [2 3]]

 [[4 5]
  [6 7]]]
调用 rollaxis() 函数：
[[[0 2]
  [4 6]]

 [[1 3]
  [5 7]]]
调用 rollaxis() 函数：
[[[0 2]
  [1 3]]

 [[4 6]
  [5 7]]]
```

numpy.swapaxes()函数用于交换数组的两个轴。

语法：

```
numpy.swapaxes(arr, axis1, axis2)
```

表 2-21 对应各参数的说明。

表 2-21 numpy.swapaxes()函数参数说明

参 数	说 明
arr	要操作的数组
axis1	对应第一个轴的整数
axis2	对应第二个轴的整数

程序 2.64 numpy.swapaxes()函数

```
1:    import numpy as np
2:    a = np.arange(8).reshape(2, 2, 2)        # 创建三维 ndarray
```

```
3:     print('原数组：')
4:     print(a)
5:     print('调用 swapaxes()函数：')
6:     print(np.swapaxes(a, 2, 0))         ♯现在交换轴 0(深度方向)到轴 2(宽度方向)
```

输出：

```
原数组：
[[[0 1]
  [2 3]]

 [[4 5]
  [6 7]]]
调用 swapaxes()函数：
[[[0 4]
  [2 6]]

 [[1 5]
  [3 7]]]
```

3. 修改数组维度

numpy.broadcast_to()函数将数组广播到新形状,在原始数组上返回只读视图。它通常不连续,如果新形状不符合 NumPy 的广播规则,该函数可能会抛出 ValueError。

语法：

```
numpy.broadcast_to(array, shape, subok)
```

程序 2.65   numpy.broadcast_to( )函数

```
1:     import numpy as np
2:     a = np.arange(8).reshape(1, 8)
3:     print('原数组：')
4:     print(a)
5:     print('调用 broadcast_to()函数：')
6:     print(np.broadcast_to(a, (3, 8)))
```

输出：

```
原数组：
[[0 1 2 3 4 5 6 7]]
调用 broadcast_to() 函数：
[[0 1 2 3 4 5 6 7]
 [0 1 2 3 4 5 6 7]
 [0 1 2 3 4 5 6 7]]
```

numpy.squeeze()函数从给定数组的形状中删除一维的条目。

语法：

```
numpy.squeeze(arr, axis)
```

表 2-22 对应各参数的说明。

表 2-22　numpy.squeeze( )函数参数说明

参　　数	说　　明
arr	要操作的数组
axis	整数或整数元组，用于选择形状中一维条目的子集

程序 2.66　numpy.squeeze( )函数

```
1:    import numpy as np
2:    x = np.arange(8).reshape(1, 2, 4)
3:    print('数组 x: ')
4:    print(x)
5:    y = np.squeeze(x)
6:    print('数组 y: ')
7:    print(y)
8:    print('数组 x 和 y 的形状: ')
9:    print(x.shape, y.shape)
```

输出：

```
数组 x:
[[[0 1 2 3]
  [4 5 6 7]]]
数组 y:
[[0 1 2 3]
 [4 5 6 7]]
数组 x 和 y 的形状:
(1, 2, 4) (2, 4)
```

4. 连接数组

连接数组用法如表 2-23 所示。

表 2-23　连接数组用法

函数	说明	参数
numpy.concatenate ((a1, a2, …), axis)	用于沿指定轴连接相同形状的两个或多个数组	a1，a2，…：相同类型的数组 axis：沿着它连接数组的轴，默认为 0
numpy.stack(arrays, axis)	用于沿新轴连接数组序列	arrays：相同形状的数组序列 axis：返回数组中的轴，输入数组沿着它堆叠
hstack	水平堆叠序列中的数组（列方向）	
vstack	竖直堆叠序列中的数组（行方向）	

程序 2.67 连接数组

```
1:    import numpy as np
2:    a = np.array([[1, 2, 3], [4, 5, 6]])
3:    print('第一个数组: ')
4:    print(a)
5:    b = np.array([[7, 8, 9], [9, 10, 11]])
6:    print('第二个数组: ')
7:    print(b)
8:    print('沿轴 0 连接两个数组: ')
9:    print(np.concatenate((a, b)))
10:   print('沿轴 1 连接两个数组: ')
11:   print(np.concatenate((a, b), axis = 1))
12:   print('沿轴 0 堆叠两个数组: ')
13:   print(np.stack((a, b),0))
14:   print('沿轴 1 堆叠两个数组: ')
15:   print(np.stack((a, b), 1))
16:   print ('水平堆叠: ')
17:   print (np.hstack((a,b)))
18:   print ('竖直堆叠: ')
19:   print (np.vstack((a,b)))
```

输出:

```
                                                 沿轴 0 堆叠两个数组:
                                                 [[[ 1  2  3]
                                                   [ 4  5  6]]

                      沿轴 0 连接两个数组:           [[ 7  8  9]              水平堆叠:
                      [[ 1  2  3]                   [ 9 10 11]]]            [[ 1  2  3  7  8  9]
第一个数组:            [ 4  5  6]                 沿轴 1 堆叠两个数组:        [ 4  5  6  9 10 11]]
[[1 2 3]              [ 7  8  9]                 [[[ 1  2  3]
 [4 5 6]]             [ 9 10 11]]                  [ 7  8  9]]             竖直堆叠:
第二个数组:            沿轴 1 连接两个数组:                                  [[ 1  2  3]
[[ 7  8  9]           [[ 1  2  3  7  8  9]         [[ 4  5  6]              [ 4  5  6]
 [ 9 10 11]]           [ 4  5  6  9 10 11]]         [ 9 10 11]]]            [ 7  8  9]
                                                                           [ 9 10 11]]
```

5. 分割数组

分割数组用法如表 2-24 所示。

表 2-24 分割数组用法

函　　数	说　　明	参　　数
numpy.split(ary, indices_or_sections, axis)	沿特定的轴将数组分割为子数组	ary: 被分割的数组 indices_or_sections: 如果是一个整数, 就用该数平均切分; 如果是一个数组, 则为沿轴切分的位置(左开右闭) axis: 沿着哪个维度进行切向, 默认为 0, 横向切分; 为 1 时, 纵向切分

续表

函　　数	说　　明	参　　数
numpy.hsplit(ary,indices_or_sections)	用于水平分割数组,通过指定要返回的相同形状的数组数量拆分原数组	ary:被分割的数组 indices_or_sections:如果是一个整数,就用该数平均切分;如果是一个数组,则为沿轴切分的位置(左开右闭)
numpy.vsplit(ary,indices_or_sections)	沿垂直轴分割,其分割方式与hsplit()用法相同	ary:被分割的数组 indices_or_sections:如果是一个整数,就用该数平均切分;如果是一个数组,则为沿轴切分的位置(左开右闭)

程序 2.68　numpy.ndarray.flatten()函数使用实例

```
1:    import numpy as np
2:    a = np.arange(9)
3:    a1 = np.arange(12).reshape(3,4)
4:    print('第一个数组: ')
5:    print(a)
6:    print('第二个数组: ')
7:    print(a1)
8:    print('将数组 1 分为三个大小相等的子数组: ')
9:    print(np.split(a, 3))
10:
11:   print('将数组 1 在一维数组中表明的位置分割: ')
12:   print( np.split(a, [4, 7]))
13:
14:   print ('数组 2 拆分后: ')
15:   print(np.hsplit(a1, 2))
```

输出:

```
第一个数组:
[0 1 2 3 4 5 6 7 8]
第二个数组:
[[ 0  1  2  3]
 [ 4  5  6  7]
 [ 8  9 10 11]]
将数组1分为三个大小相等的子数组:
[array([0, 1, 2]), array([3, 4, 5]), array([6, 7, 8])]
将数组1在一维数组中表明的位置分割:
[array([0, 1, 2, 3]), array([4, 5, 6]), array([7, 8])]
数组2拆分后:
[array([[0, 1],
       [4, 5],
       [8, 9]]), array([[ 2,  3],
       [ 6,  7],
       [10, 11]])]
```

6. 数组元素的添加与删除

数组元素的添加与删除用法如表 2-25 所示。

表 2-25 数组元素的添加与删除用法

函　　数	说　　明	参　　数
numpy. resize（arr，shape）	返回指定大小的新数组	arr：要修改大小的数组 shape：返回数组的新形状
numpy. append（arr，values，axis=None）	将值添加到数组末尾	arr：输入数组 values：要向 arr 添加的值，需要和 arr 形状相同（除了要添加的轴） axis：默认为 None。当 axis 无定义时，是横向加，返回的总是一维数组。当 axis 有定义时，分别为 0 和 1。当 axis 为 0 时，数组加在下面（列数要相同）；当 axis 为 1 时，数组是加在右边（行数要相同）
numpy. insert（arr，obj，values， axis）	沿指定轴将值插入到指定下标之前	arr：输入数组 obj：在其之前插入值的索引 values：要插入的值 axis：沿着它插入的轴，如果未提供，输入数组会被展开
Numpy. delete（arr，obj，axis）	删掉某个轴的子数组，并返回删除后的新数组	arr：输入数组 obj：可以被切片，整数或者整数数组，表明要从输入数组删除的子数组 axis：沿着它删除给定子数组的轴，如果未提供，输入数组会被展开
numpy. unique（arr，return_index，return_inverse，return_counts）	查找数组内的唯一元素	arr：输入数组，如果不是一维数组则会展开 return_index：如果为 True，返回新列表元素在旧列表中的位置（下标），并以列表形式存储 return_inverse：如果为 True，返回旧列表元素在新列表中的位置（下标），并以列表形式存储 return_counts：如果为 True，返回去重数组中的元素在原数组中的出现次数

程序 2.69　数组元素的添加与删除

```
1:    import numpy as np
2:    a = np.array([[1, 2, 3], [4, 5, 6]])
3:    print('第一个数组：')
4:    print(a)
5:    print('数组的形状：')
6:    print(a.shape)
7:
8:    print('修改数组的大小：')
9:    print(np.resize(a, (3, 3)))
10:
11:   print('向数组添加元素：')
12:   print(np.append(a, [7, 8, 9]))
```

```
13:
14:     print('沿轴 0 添加元素：')
15:     print(np.append(a, [[7, 8, 9]], axis = 0))
16:
17:     print('沿轴 1 添加元素：')
18:     print(np.append(a, [[3, 2, 1], [6, 5, 4]], axis = 1))
19:
20:     print('未传递 axis 参数。在插入之前输入数组会被展开。')
21:     print(np.insert(a, 3, [111, 121]))
22:
23:     print('传递了 axis 参数。会广播值数组来配输入数组。')
24:     print('沿轴 0 广播：')
25:     print(np.insert(a, 1, [111], axis = 0))
26:
27:     print('沿轴 1 广播：')
28:     print(np.insert(a, 1, 111, axis = 1))
29:
30:     print('未传递 axis 参数。在插入之前输入数组会被展开。')
31:     print(np.delete(a, 5))
32:
33:     print('删除第二列：')
34:     print(np.delete(a, 1, axis = 1))
35:     print('\n')
```

输出：

```
第一个数组：
[[1 2 3]
 [4 5 6]]
数组的形状：
(2, 3)
修改数组的大小：
[[1 2 3]
 [4 5 6]
 [1 2 3]]
向数组添加元素：
[1 2 3 4 5 6 7 8 9]
沿轴 0 添加元素：
[[1 2 3]
 [4 5 6]
 [7 8 9]]
沿轴 1 添加元素：
[[1 2 3 3 2 1]
 [4 5 6 6 5 4]]
未传递 axis 参数。在插入之前输入数组会被展开。
[  1   2   3 111 121   4   5   6]
传递了 axis 参数。会广播值数组来配输入数组。
```

```
沿轴 0 广播：
[[  1   2   3]
 [111 111 111]
 [  4   5   6]]
沿轴 1 广播：
[[  1 111   2   3]
 [  4 111   5   6]]
未传递 axis 参数。在插入之前输入数组会被展开。
[1 2 3 4 5]
删除第二列：
[[1 3]
 [4 6]]
```

2.5.5 函数

在 2.2.6 节中，已经接触到了函数，也明确了函数的定义，下面对 NumPy 库常用的函数进行总结。

1. 字符串函数

以下函数用于对 dtype 为 numpy.string_ 或 numpy.unicode_ 的数组执行向量化字符串操作。它们基于 Python 内置库中的标准字符串函数。这些函数在字符数组类(numpy.char)中定义。标准字符串函数如表 2-26 所示。

表 2-26　标准字符串函数

函　　数	说　　明
add()	对两个数组的逐个字符串元素进行连接
multiply()	返回按元素多重连接后的字符串
center()	居中字符串
capitalize()	将字符串第一个字母转换为大写
title()	将字符串的每个单词的第一个字母转换为大写
lower()	将数组元素转换为小写
upper()	将数组元素转换为大写
split()	指定分隔符对字符串进行分割，并返回数组列表
splitlines()	返回元素中的行列表，以换行符分割
strip()	移除元素开头或者结尾处的特定字符
join()	通过指定分隔符来连接数组中的元素
replace()	使用新字符串替换字符串中的所有子字符串
decode()	数组元素依次调用 str.decode()
encode()	数组元素依次调用 str.encode()

程序 2.70　字符串函数

```
1:    import numpy as np
2:    print('连接两个字符串：',np.char.add(['hello', 'hi'], [' Numpy', ' ROBOT']))
3:    print ('字符串多重连接：',np.char.multiply('multiply ',3))
```

```
4:    print ('字符串居中,并使用指定字符在左侧和右侧进行填充:',np.char.center('center', 30,
      fillchar = '*'))
5:    print ('将字符串的第一个字母转换为大写:',np.char.capitalize('capitalize'))
      print ('将字符串的每个单词的第一个字母转换为大写: ',np.c
6:    har.title('i like robot'))
7:    print ('对数组的每个元素转换为小写: ',np.char.lower(['HI','ROBOT']))
8:    print ('对数组的每个元素转换为大写',np.char.upper(['hello','numpy']))
9:    print ('通过指定分隔符对字符串进行分割:',np.char.split ('www.baidu.c om', sep = '.'))
10:   print ('以换行符作为分隔符分割字符串:',np.char.splitlines('i\rlike\nROBOT?'))
11:   print ('移除开头或结尾处的特定字符:',np.char.strip('i like robot i','i'))
12:   print ('指定多个分隔符操作数组元素:',np.char.join([':','#'],['numpy','robot']))
13:   print ('使用新字符串替换字符串中的所有子字符串:',np.char.replace ('i like robot', 'ro',
      'le'))
```

输出:

```
连接两个字符串: ['hello Numpy' 'hi ROBOT']
字符串多重连接: multiply multiply multiply
字符串居中,并使用指定字符在左侧和右侧进行填充: ***********center***********
将字符串的第一个字母转换为大写: Capitalize
将字符串的每个单词的第一个字母转换为大写: I Like Robot
对数组的每个元素转换为小写: ['hi' 'robot']
对数组的每个元素转换为大写 ['HELLO' 'NUMPY']
通过指定分隔符对字符串进行分割: ['www', 'baidu', 'c om']
以换行符作为分隔符分割字符串: ['i', 'like', 'ROBOT?']
移除开头或结尾处的特定字符: like robot
指定多个分隔符操作数组元素: ['n:u:m:p:y' 'r#o#b#o#t']
使用新字符串替换字符串中的所有子字符串: i like lebot
```

2. 数学函数

数学相关函数如表 2-27 所示。

表 2-27 数学相关函数

函 数	说 明
三角函数	提供了标准的三角函数:sin()、cos()、tan()
numpy.around(a,decimals)	返回指定数字的四舍五入值
numpy.floor()	返回数字的下舍整数
numpy.ceil()	返回数字的上入整数

程序 2.71 数学函数

```
1:    import numpy as np
2:    a = np.array([1.0, 7.55, -111, -0.555, 25.527, 0.263])
3:    print('原数组: ',a)
4:    print('默认舍入小数位 0 舍入后: ',np.around(a))
5:    print('舍入小数位 1 舍入后: ',np.around(a, decimals = 1))
6:    print('舍入小数位 -1 舍入后: ',np.around(a, decimals = -1))
```

```
7:    print('数字的下舍整数: ',np.floor(a))
8:    print ('数字的上舍整数: ',np.ceil(a))
```

输出:

```
原数组: [   1.      7.55  -111.    -0.555  25.527   0.263]
默认舍入小数位0舍入后: [   1.      8.   -111.     -1.    26.      0. ]
舍入小数位1舍入后: [   1.      7.6  -111.     -0.6   25.5     0.3]
舍入小数位-1舍入后: [   0.     10.   -110.     -0.    30.      0. ]
数字的下舍整数: [   1.      7.   -111.     -1.    25.      0. ]
数字的上舍整数: [   1.      8.   -111.     -0.    26.      1. ]
```

3. 算术函数

算术相关函数如表 2-28 所示。

表 2-28　算术相关函数

函　　　数	说　　　明
简单的加、减、乘、除: add()、subtract()、multiply()和 divide()	数组必须具有相同的形状或符合数组广播规则
numpy. reciprocal()	返回参数元素的倒数
numpy. power()	将第一个输入数组中的元素作为底数,计算它与第二个输入数组中相应元素的幂
numpy. mod()numpy. remainder()	计算输入数组中相应元素相除后的余数

程序 2.72　算术函数

```
1:    import numpy as np
2:    a = np.arange(12, dtype = np.float_).reshape(3, 4)
3:    print('第一个数组: ',a)
4:    b = np.array([10, 10, 10,10],dtype = np.float_)
5:    print('第二个数组: ',b)
6:    c = np.array([2,3,5,7],dtype = np.float_)
7:    print('第三个数组: ',c)
8:    print('两个数组相加: ',np.add(a, b))
9:    print('两个数组相减: ',np.subtract(a, b))
10:   print('两个数组相乘: ',np.multiply(a, b))
11:   print('两个数组相除: ',np.divide(a, b))
12:   print('数组 2 各元素倒数: ',np.reciprocal(b))
13:   print('数组 1 各元素做底数,计算平方: ',np.power(a,2))
14:   print ('余数: ',np.mod(b,c))
15:   print ('余数: ',np.remainder(b,c))
```

输出:

```
第一个数组: [[ 0.  1.  2.  3.]
 [ 4.  5.  6.  7.]
 [ 8.  9. 10. 11.]]
```

```
第二个数组：[10. 10. 10. 10.]
第三个数组：[2. 3. 5. 7.]
两个数组相加：[[10. 11. 12. 13.]
 [14. 15. 16. 17.]
 [18. 19. 20. 21.]]
两个数组相减：[[-10. -9. -8. -7.]
 [-6. -5. -4. -3.]
 [-2. -1. 0. 1.]]
两个数组相乘：[[ 0. 10. 20. 30.]
 [40. 50. 60. 70.]
 [80. 90. 100. 110.]]
两个数组相除：[[0. 0.1 0.2 0.3]
 [0.4 0.5 0.6 0.7]
 [0.8 0.9 1. 1.1]]
数组2各元素倒数：[0.1 0.1 0.1 0.1]
数组1各元素做底数，计算平方：[[ 0. 1. 4. 9.]
 [16. 25. 36. 49.]
 [64. 81. 100. 121.]]
余数：[0. 1. 0. 3.]
余数：[0. 1. 0. 3.]
```

4. 统计函数

统计相关函数如表 2-29 所示。

表 2-29　统计相关函数

函　　数	说　　明
numpy.amin()	计算数组中的元素沿指定轴的最小值
numpy.amax()	计算数组中的元素沿指定轴的最大值
numpy.ptp()	计算数组中元素最大值与最小值的差(最大值－最小值)
numpy.percentile()	计算百分位数,它是统计中使用的度量,表示小于这个值的观察值的百分比
numpy.median()	用于计算数组中元素的中位数(中值)
numpy.mean()	返回数组中元素的算术平均值
numpy.average()	根据在另一个数组中给出的各自的权重计算数组中元素的加权平均值
numpy.std()	计算标准差,它是一组数据平均值分散程度的一种度量
numpy.var()	计算方差(样本方差),它是每个样本值与全体样本值的平均数之差的平方值的平均数

程序 2.73　统计函数

```
1:    import numpy as np
2:    a = np.array([[2, 8, 4], [3, 9, 2], [1, 5, 7]])
3:    print('数组是：',a)
4:    print('调用 amin() 函数：',np.amin(a, 1))
5:    print('再次调用 amin() 函数：',np.amin(a, 0))
6:    print('调用 amax() 函数：',np.amax(a))
7:    print('再次调用 amax() 函数：',np.amax(a, axis = 0))
```

```
 8:    print('调用 ptp() 函数: ',np.ptp(a))
 9:    print('沿轴 1 调用 ptp() 函数: ',np.ptp(a, axis = 1))
10:    print('沿轴 0 调用 ptp() 函数: ',np.ptp(a, axis = 0))
11:    print('50％的分位数,就是 a 中排序之后的中位数: ',np.percentile(a, 50))
12:    print('在纵轴上求中位数:',np.percentile(a, 50, axis = 0))
13:    print('在横轴上求中位数: ',np.percentile(a, 50, axis = 1))
14:    print('在横轴上求中位数,保持维度不变:',np.percentile(a, 50, axis = 1, keepdims = True))
15:    print('a 中元素的中位数: ',np.median(a))
16:    print('在纵轴上求中位数: ',np.median(a, axis =   0))
17:    print('在横轴上求中位数: ',np.median(a, axis =   1))
18:    print('a 中元素的算术平均值: ',np.mean(a))
19:    print('在纵轴上求算术平均值: ',np.mean(a, axis =   0))
20:    print('在横轴上求算术平均值: ',np.mean(a, axis =   1))
21:    print('a 中元素的加权平均值: ',np.average(a))
22:    print('a 中元素的标准差: ',np.std(a))
23:    print('a 中元素的方差: ',np.var(a))
```

输出:

```
数组是: [[2 8 4]
 [3 9 2]
 [1 5 7]]
调用 amin() 函数: [2 2 1]
再次调用 amin() 函数: [1 5 2]
调用 amax() 函数: 9
再次调用 amax() 函数: [3 9 7]
调用 ptp() 函数: 8
沿轴 1 调用 ptp() 函数: [6 7 6]
沿轴 0 调用 ptp() 函数: [2 4 5]
50% 的分位数,就是a 中排序之后的中位数: 4.0
在纵轴上求中位数:[2. 8. 4.]
在横轴上求中位数: [4. 3. 5.]
在横轴上求中位数,保持维度不变:[[4.]
 [3.]
 [5.]]
a 中元素的中位数: 4.0
在纵轴上求中位数: [2. 8. 4.]
在横轴上求中位数: [4. 3. 5.]
a 中元素的算术平均值: 4.555555555555555
在纵轴上求算术平均值: [2.         7.33333333 4.33333333]
在横轴上求算术平均值: [4.66666667 4.66666667 4.33333333]
a 中元素的加权平均值: 4.555555555555555
a中元素的标准差: 2.7125679146074893
a 中元素的方差: 7.358024691358024
```

2.5.6　矩阵库及线性代数

1. 矩阵库

NumPy 中包含了一个矩阵库模块 numpy.matlib,该模块中的函数返回的是一个矩阵,而不是 ndarray 对象。矩阵是一个由行(row)和列(column)元素排列成的矩形阵列。矩阵中的元素可以是数字、符号或数学表达式。以下是一个由 6 个数字元素构成的 2 行 3 列的矩阵：$\begin{bmatrix} 1 & 7 & -11 \\ 10 & 2 & -3 \end{bmatrix}$。matlibs()函数的使用方法如表 2-30 所示。

表 2-30　matlibs()函数的使用方法

函　　数	说　　明
numpy. matlib. zeros()	创建一个以 0 填充的矩阵
numpy. matlib. empty(shape, dtype, order)	返回一个新的矩阵
numpy. matlib. ones()	创建一个以 1 填充的矩阵
numpy. matlib. eye(n, M, k, dtype)	返回一个矩阵,对角线元素为 1,其他位置为 0
numpy. matlib. identity()	返回给定大小的单位矩阵
numpy. matlib. rand()	创建一个给定大小的矩阵,数据是随机填充的

程序 2.74　矩阵库

```
1:    import numpy.matlib
2:    import numpy as np
3:    print('随机数据:',np.matlib.empty((2, 2)))
4:    print('以 0 填充的矩阵:',np.matlib.zeros((2,2)))
5:    print('以 1 填充的矩阵:',np.matlib.ones((2,2)))
6:    print('对角线元素为 0,其他位置为 0:',np.matlib.eye(n = 3, M = 3, k = 0, dtype = float))
7:    print('大小为 3,类型位浮点型:',np.matlib.identity(3, dtype = float))
8:    print('给定大小的矩阵,数据是随机填充的:',np.matlib.rand(3,3))
```

输出:

```
随机数据: [[1.19082630e-311 3.65085280e+233]
 [1.38760672e+219 1.69759663e-313]]
以 0 填充的矩阵: [[0. 0.]
 [0. 0.]]
以 1 填充的矩阵: [[1. 1.]
 [1. 1.]]
对角线元素为 1, 其他位置为0: [[1. 0. 0.]
 [0. 1. 0.]
 [0. 0. 1.]]
大小为 3, 类型位浮点型: [[1. 0. 0.]
 [0. 1. 0.]
 [0. 0. 1.]]
给定大小的矩阵, 数据是随机填充的: [[0.94900049 0.10958331 0.03115964]
 [0.60788899 0.07548862 0.92901066]
 [0.74860145 0.4079449  0.89256002]]
```

2. 线性代数

NumPy 提供了线性代数函数库 Linalg,该库包含了线性代数所需的所有功能。NumPy 线性代数相关使用方法如表 2-31 所示。

表 2-31 NumPy 线性代数相关使用方法

函 数	说 明
dot()	两个数组的点积,即元素对应相乘
vdot()	两个向量的点积
inner()	两个数组的内积
matmul()	两个数组的矩阵积
determinant()	数组的行列式
solve()	求解线性矩阵方程
inv()	计算矩阵的乘法逆矩阵

程序 2.75 线性代数

```
1:    import numpy.matlib
2:    import numpy as np
3:    a = np.array([[1, 2], [3, 4]])
4:    b = np.array([[5, 6], [7, 8]])
5:    c = np.array([1,2,3,4])
6:    d = np.array([5,6,7,8])
7:    print('计算的是这两个数组对应下标元素的乘积和:',np.dot(a, b))
8:    print('两个向量的点积:',np.vdot(a,b))
9:    print('返回一维数组的向量内积:',np.inner(c,d))
10:   print('返回二维数组的向量内积:',np.inner(a,b))
11:   print('返回两个数组的矩阵乘积:',np.matmul(a,b))
12:   print('计算输入矩阵的行列式:',np.linalg.det(a))
13:   print('计算矩阵的乘法逆矩阵:',np.linalg.inv(a))
```

输出:

```
计算的是这两个数组对应下标元素的乘积和: [[19 22]
 [43 50]]
两个向量的点积: 70
返回一维数组的向量内积: 70
返回二维数组的向量内积: [[17 23]
 [39 53]]
返回两个数组的矩阵乘积: [[19 22]
 [43 50]]
计算输入矩阵的行列式: -2.0000000000000004
计算矩阵的乘法逆矩阵: [[-2.   1. ]
 [ 1.5 -0.5]]
```

2.6 Python 绘图基础

06 Matplotlib
的使用

Matplotlib 是 Python 的一个 2D 绘图库,它提供了一整套和 Matlab 相似的命令 API,十分适合交互式地进行制图,而且也可以方便地将它作为绘图控件嵌入 GUI 应用程序中。通过 Matplotlib,开发者仅需要几行代码,便可以生成绘图、直方图、功率谱、条形图、错误图、散点图等。

2.6.1 初级绘制

1. 引入 Matplotlib 库

在 Python 中使用任何第三方库时,都必须先将其引入。

程序 2.76 引入第三方库

```
import matplotlib.pyplot as plt
```

或者

```
from matplotlib.pyplot import *
```

2. 建立空白页

程序 2.77 建立空白页

```
fig = plt.figure()
```

程序 2.78 指定空白页大小

```
fig = plt.figure(figsize = (4,2))
```

3. 基础绘图

程序 2.79 最基本的图形

```
1:    import matplotlib.pyplot as plt
2:    plt.plot([1,3,2,4],[1,2,3,4])
3:    plt.show()
```

输出:

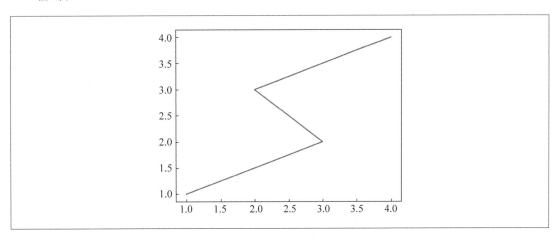

2.6.2 线条的颜色和粗细

1. 线条属性

线条属性如表 2-32 所示。

表 2-32 线条属性

线条风格 linestyle 或 ls	说明	线条风格 linestyle 或 ls	说明
'—'	实线	':'	虚线
'——'	破折线	'None'	什么都不画
'—.'	点画线		

2. 线条标记

线条标记如表 2-33 所示。

表 2-33 线条标记

标记(marker)	说明	标记(marker)	说明
'o'	圆圈	'.'	点
'D'	菱形	's'	正方形
'h'	六边形 1	'*'	星号
'H'	六边形 2	'd'	小菱形
'_'	水平线	'v'	角朝下的三角形
'8'	八边形	'<'	角朝左的三角形
'p'	五边形	'>'	角朝右的三角形
','	像素	'^'	角朝上的三角形
'+'	加号	'\'	竖线
'None'	无	'x'	X

3. 颜色

可以通过调用 matplotlib.pyplot.colors()得到 Matplotlib 支持的所有颜色,如表 2-34 所示。

表 2-34 颜色对应名称

别名	颜色	别名	颜色
b	蓝色	g	绿色
r	红色	y	黄色
c	青色	k	黑色
m	洋红色	w	白色

如果这八种基础颜色不够用,还可以通过以下两种方式定义颜色值。

(1) 使用 HTML 十六进制字符串 color='eeefff' 或使用合法的 HTML 颜色名字('red',
'chartreuse'等);

(2) 传入一个归一化到[0,1]的 RGB 元组:

```
color = (0.3,0.3,0.4)
```

4. 线条粗细

线条粗细使用 linewidth 设置,对应线条上的 marker 大小设置为 ms 参数。因为有时候
是粗线条,所以对应 marker 大小也需要增加。

如果想要 marker 为空心,可以在后面加上 markerfacecolor＝'none'。

程序 2.80　线条属性练习

```
1:    import matplotlib.pyplot as plt
2:    import numpy as np
3:    y = np.arange(1, 6, 1)
4:    plt.plot(y, 'bx--', y+1, 'yo:', linewidth=4.0);
5:    plt.plot(y+2, 'kp-.', y+3,'rD-',ms=8);
6:    plt.show():
```

输出:

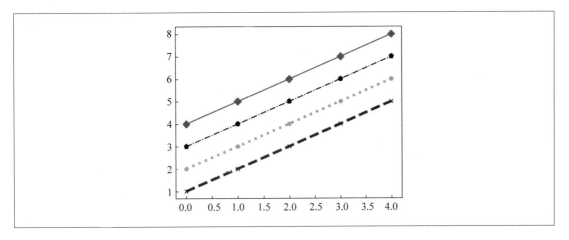

2.6.3　图例、子图、坐标轴和记号

1. 图例

Matplotlib 的 Legend 图例有助于展示每个数据对应的图像名称,更好地让读者认识到用户的数据结构。这里将 Legend 图例设置为 linear line 和 square line,分别对应 $y=2x+1$ 这条实线(默认颜色)和 $y=x^2$ 这条虚线(红色),最后调用 legend()方法设置一些样式即可。

程序 2.81　设置 Legend 图例

```
1:    from matplotlib import pyplot as plt
2:    import numpy as np
3:    x = np.linspace(-3,3,50)
4:    y1 = 2 * x + 1
5:    y2 = x ** 2
6:    l1, = plt.plot(x,y1,label = 'linear line')
7:    l2, = plt.plot(x,y2,color = 'red',linewidth = 1.0,linestyle = '--',label = 'square line')
8:    plt.legend()
9:    plt.show()
```

不带参数调用 legend()方法会自动获取图例句柄及相关标签,此函数等同于:

```
1:    handles, labels = ax.get_legend_handles_labels()
2:    ax.legend(handles, labels):
```

为完全控制要添加的图例句柄,通常将适当的句柄直接传递给 legend():

```
1:    plt.legend(handles = [l1, l2])
```

输出:

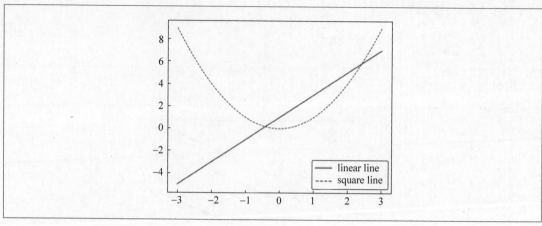

在某些情况下,需要为 Legend 图例设置标签:

```
1:    plt.legend(handles = [l1, l2], labels = ['up', 'down'])
```

输出:

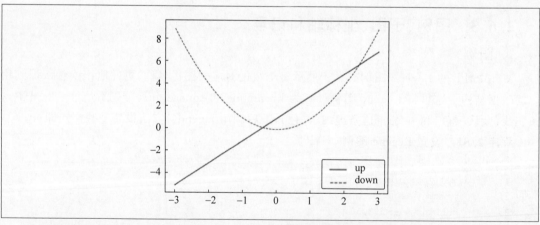

图例的位置可以通过关键字参数 loc 指定。bbox_to_anchor 关键字可让用户手动控制图例布局。当指定 loc= 'upper right'时,Legend 图例将在右上角展示。

loc 使用参数如表 2-35 所示。

表 2-35 loc 使用参数

数值	字符表示	位置表示	数值	字符表示	位置表示
0	'best'	右上角(默认)	4	'lower right'	右下角
1	'upper right'	右上角	5	'right'	右侧
2	'upper left'	左上角	6	'center left'	中左侧
3	'lower left'	左下角	7	'center right'	中右侧

续表

数值	字符表示	位置表示	数值	字符表示	位置表示
8	'lower center'	中下方	10	'center'	中间
9	'upper center'	中上方			

程序 2.82　图例位置

```
1:    plt.legend(handles = [l1, l2], labels = ['up', 'down'], loc = 'upper center')
```

2. 子图

使用 Matplotlib 允许在一张数据图上包含多个子图。调用 subplot()函数可以创建一个子图,然后就可以在子图上进行绘制。

subplot(nrows, ncols, index, ** kwargs)函数的 nrows 参数指定将数据图区域分成多少行;ncols 参数指定将数据图区域分成多少列;index 参数指定获取第几个区域。

subplot()函数也支持直接传入一个三位数的参数,其中第一位数将作为 nrows 参数;第二位数将作为 ncols 参数;第三位数将作为 index 参数。

程序 2.83　子图练习

```
1:    import matplotlib.pyplot as plt
2:    fig = plt.figure()
3:    x = [1, 3, 5, 7, 9, 11, 15, 17]
4:    y = [4, 1, 5, 7, 10, 5, 0, 20]
5:    ax1 = fig.add_subplot(2, 2, 1)
6:    ax2 = fig.add_subplot(2, 2, 2)
7:    ax3 = fig.add_subplot(2, 1, 2)
8:    ax1.scatter(x, y)
9:    ax1.set_title('scatter graph')
10:   ax2.plot(x, y)
11:   ax2.set_title('plot graph')
12:   ax3.bar(x, y)
13:   ax3.set_title('bar graph')
14:   plt.show()
```

输出:

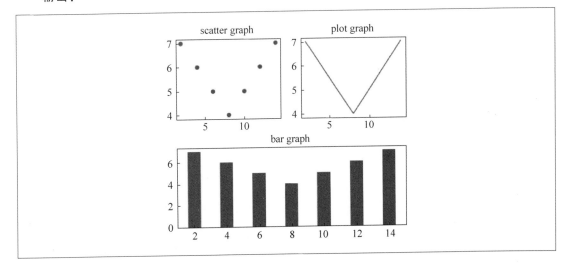

3. 坐标轴

根据需求调整坐标轴的范围。

(1) 查看图形的 x 轴的最小坐标、最大坐标和 y 轴的最小坐标、最大坐标。

```
plt.axis()
```

(2) 更改 x 轴的最小坐标、最大坐标和 y 轴的最小坐标、最大坐标。

```
plt.axis([-5,5,20,60])
```

(3) 查看 x 轴的最大坐标、最小坐标,并更改。

```
plt.xlim([-5,5])
plt.xlim([xmin = -5,xmax = 5])
```

(4) 查看 y 轴的最大坐标、最小坐标,并更改。

```
plt.ylim([-10,10])
plt.ylim([ymin = -10,ymax = 10])
```

4. 记号

(1) title: 设置图像标题。

title 2.80 语法:

```
plt.title('Title',fontsize = 'large',fontweight = 'bold',color = 'blue',loc = 'left')
```

它的常用参数如下:

fontsize: 设置字体大小,默认为 12,可选参数为 'xx-small'、'x-small'、'small'、'medium'、'large'、'x-large' 和 'xx-large'。

fontweight: 设置字体粗细,可选参数为 'light'、'normal'、'medium'、'semibold'、'bold'、'heavy'和'black'。

color: 字体颜色。

loc: 文字的位置。

fontstyle: 设置字体类型,可选参数为 'normal'、'italic'和'oblique'。italic 表示斜体,oblique 表示倾斜。

verticalalignment: 设置水平对齐方式,可选参数为 'center'、'top'、'bottom'和'baseline'。

horizontalalignment: 设置垂直对齐方式,可选参数为 'left'、'right'和 'center'。

rotation(旋转角度): 可选参数为 'vertical'和'horizontal',也可以为数字。

alpha: 透明度,参数值为 0~1。

backgroundcolor: 标题背景颜色。

bbox: 给标题增加外框,可选参数为 'boxstyle'(方框外形)、'facecolor'(简写为'fc',背景颜色)、'edgecolor'(简写为'ec',边框线条颜色)和'edgewidth'(边框线条大小)。

（2）annotate：标注文字。

annotate 语法：

```
annotate(s = 'str',xy = (x,y),xytext = (l1,l2),..)
```

它的常用参数如下：

s：文本内容。

x,y：被注释的坐标点。

xytext：注释文字的坐标位置。

extcoords：设置注释文字偏移量。

xycoords：选择指定的坐标轴系统。

arrowprops：箭头参数，参数类型为字典（dict）。

bbox：给标题增加外框。

（3）text：设置文字说明。

text 语法：

```
text(x,y,string,fontsize = 15,verticalalignment = "top",horizontalalignment = "right")
```

它的常用参数如下：

x,y：坐标值上的值。

string：说明文字。

fontsize：字体大小。

verticalalignment：垂直对齐方式。参数为'center'、'top'、'bottom'和'baseline'。

horizontalalignment：水平对齐方式。参数为'center'、'right'和'left'。

xycoords：选择指定的坐标轴系统。

arrowprops：箭头参数。参数类型为字典。

bbox：给标题增加外框。

程序 2.84 画图练习

```
1:    from matplotlib import pyplot as plt
2:    import numpy as np
3:    x = np.arange( - 4,5):
4:    x2 = np.linspace( - 4,4,50)
5:    y = 2 * x
6:    y2 = x2 * x2
7:    plt.title('Interesting Graph',fontsize = 'large',fontweight = 'bold',color = 'blue')
8:    plt.plot(x,y,marker = 'o',label = 'linear line')
9:    plt.plot(x2,y2,color = 'red',linewidth = 1.0,linestyle = ' - - ',label = 'square line')
10:   for xy in zip(x, y):
11:       plt.annotate("( % s, % s)" % xy, xy = xy, xytext = ( - 20,10),textcoords = 'offset
          points')
12:     plt.annotate('localmin', xy = (0, 0), xytext = (3,1.5),arrowprops = dict(facecolor =
          'black',shrink = 0.05))
13:   plt.text( - 3, 10, 'y2 = x * x', fontsize = 15)
14:   plt.text( - 2, - 7, 'y = 2 * x',fontsize = 15)
15:   plt.legend()
16:   plt.show()
```

输出：

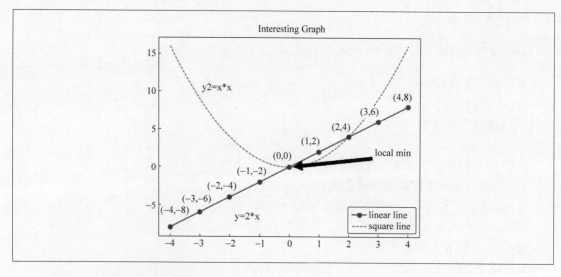

2.6.4　常见的图像形状

1. 折线图

前文介绍所用的图都是折线图,折线图通常用来表示数据随时间或有序类别变化的趋势,非常适用于显示在相等时间间隔下数据的走向变化。

程序 2.85　折线图

```
1:    from matplotlib import pyplot as plt
2:    import numpy as np
3:    date = np.arange(1,13)
4:    value = [3,4,1,6,8,5,9,8,7,6,5,5]
5:    plt.plot(date,value,marker = 'o')
6:    plt.xticks(rotation = 45)
7:    plt.xlabel("Month")
8:    plt.ylabel("Value")
9:    plt.title('Line chart',fontsize = 'large',fontweight = 'bold',color = 'blue')
10:   plt.show()
```

输出：

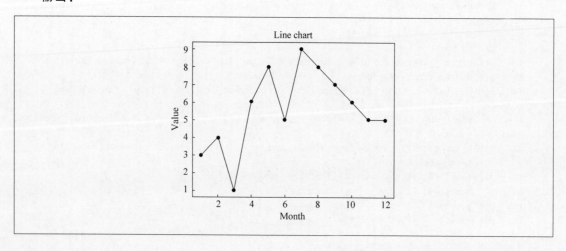

2. 条形图

条形图用长条形表示每一个类别,长条形的长度表示类别的频数,宽度表示表示类别,常常用来描述一组数据的对比情况,例如一周7天每个实验室同学的出勤情况。

程序2.86　条形图

```
1:    from matplotlib import pyplot as plt
2:    import numpy as np
3:    student = np.arange(1,8)
4:    time = [7,6,7,6,5,4,7]
5:    plt.bar(student,time,alpha = 0.8)
6:    plt.xticks(rotation = 45)
7:    plt.xlabel("Student")
8:    plt.ylabel("Times")
9:    plt.title('Bar chart',fontsize = 'large',fontweight = 'bold',color = 'blue')
10:   plt.show()
```

输出:

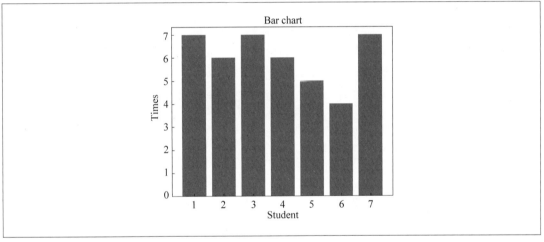

3. 直方图

直方图和条形图的绘图形式相同,但有着不用的意义。直方图是一种统计报告图,用长条形的面积表示频数,所以长条形的高度表示频数/组距,宽度表示组距,其长度和宽度均有意义。当宽度相同时,一般就用长条形长度表示频数。直观上,直方图各个长条形是衔接在一起的,表示数据间的数学关系;而条形图各长条形之间留有空隙,区分不同的类。

程序2.87　直方图

```
1:    import matplotlib
2:    from matplotlib import pyplot as plt
3:    import numpy as np
4:    matplotlib.rcParams['font.sans-serif'] = ['SimHei']        # 用黑体显示中文
5:    matplotlib.rcParams['axes.unicode_minus'] = False          # 正常显示负号
6:    data = np.random.randn(500)
7:    plt.hist(data, bins = 40, normed = 0, facecolor = "c", edgecolor = "black", alpha = 1)
8:    plt.xlabel("区间")
9:    plt.ylabel("频率")
10:   plt.title('Histogram',fontsize = 'large',fontweight = 'bold',color = 'blue')
11:   plt.show()
```

输出：

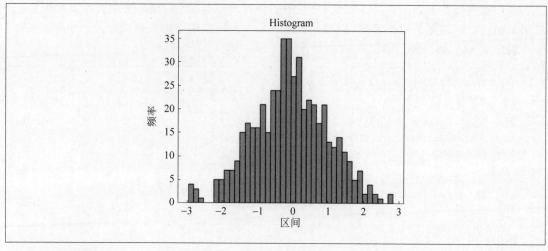

4. 散点图

散点图是指在回归分析中数据点在直角坐标系平面上的分布图。散点图表示因变量随自变量而变化的大致趋势,据此可以选择合适的函数对数据点进行拟合。散点图经常用来显示分布或者比较几个变量的相关性或者分组。

程序 2.88 散点图

```
1:    from matplotlib import pyplot as plt
2:    import numpy as np
3:    number = 50
4:    x = np.random.randn(number)
5:    y = np.random.randn(number)
6:    x1 = np.random.randn(number)
7:    y1 = np.random.randn(number)
8:    plt.scatter(x, y,c = 'y',marker = '>')
9:    plt.scatter(x1, y1,c = 'k',marker = 'o')
10:   plt.title('Scatter plot',fontsize = 'large',fontweight = 'bold',color = 'blue')
11:   plt.show()
```

输出：

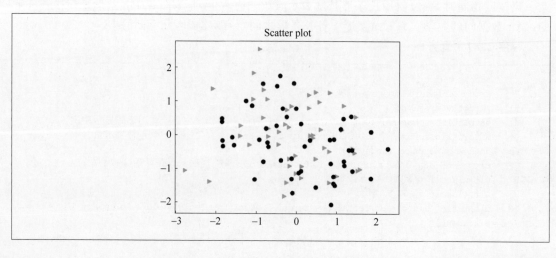

5. 饼图

饼图往往用来显示一个数据系列中各项的大小与各项总和的比例,即在整体中各项所占的百分比。例如,一个班级中分数大于89分、80～89分、70～79分、60～69分及60分以下的学生占比。饼图的绘图有几种方式,普通情况是各部分占满的饼图。为了在视觉上更快地划分各部分,可以将每部分分裂开来,也可以设置阴影。

程序 2.89　饼图

```
1:    from matplotlib import pyplot as plt
2:    import numpy as np
3:    p = np.array([0.45, 0.15, 0.2, 0.15, 0.05])
4:    colors = ['red', 'yellow', 'green', 'blue', 'purple']
5:    labels = [">89", "80~89", "70~79", "60~69", "<60"]
6:    plt.pie(p, labels = labels, autopct = "%1.2f%%", colors = colors, labeldistance = 1.1,
          pctdistance = 0.5, explode = [0.1, 0.1, 0.1, 0.2, 0.1], shadow = True, startangle = 90)
7:    plt.axis("equal")
8:    plt.title('Pie chart', fontsize = 'large', fontweight = 'bold', color = 'blue')
9:    plt.show()
```

输出:

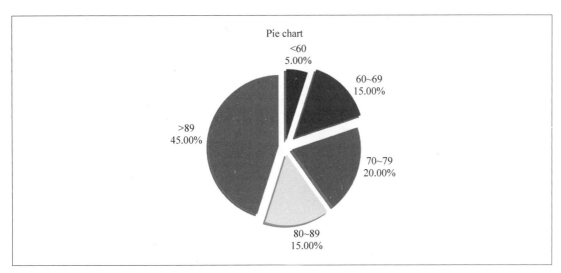

6. 3D 散点图

Matplotlib 绘制 3D(三维)图像主要通过 mplot3d 模块实现,但由于 3D 图像实际上是在二维画布上展示的,因此同样需要载入 pyplot 模块。mplot3d 模块下主要包含四个大类,分别是:

mpl_toolkits.mplot3d.axes3d():包含各种实现绘图的类和方法;

mpl_toolkits.mplot3d.axis3d():包含坐标轴相关的类和方法;

mpl_toolkits.mplot3d.art3d():包含 2D 转换并用于 3D 绘制的类和方法;

mpl_toolkits.mplot3d.proj3d():其他方法,如计算三维向量长度等。

程序 2.90 3D 散点图

```
1:   from matplotlib import pyplot as plt
2:   import numpy as np
3:   from mpl_toolkits.mplot3d import Axes3D
4:   fig = plt.figure()
5:   ax = fig.add_subplot(1,1,1, projection = '3d')
6:   number = 50
7:   x = np.random.randn(number)
8:   y = np.random.randn(number)
9:   z = np.random.randn(number)
10:  x1 = np.random.randn(number)
11:  y1 = np.random.randn(number)
12:  z1 = np.random.randn(number)
13:  ax.scatter(x, y, z, c = 'c', marker = 'p')
14:  ax.scatter(x1, y1, z1, c = 'r', marker = '*')
15:  ax.set_xlabel('x Label')
16:  ax.set_ylabel('y Label')
17:  ax.set_zlabel('z Label')
18:  plt.show()
```

输出:

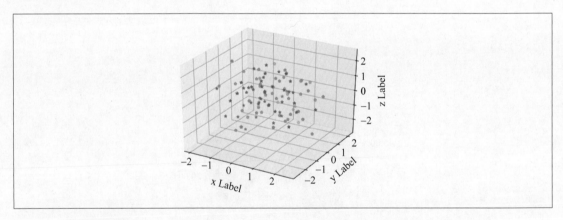

7. 3D 条形图

介绍了 3D 散点图之后,下面介绍 3D 条形图。条形图是数据可视化中常用的一类图形,其能够以简单直观的方式反映出数据信息。3D 条形图的美妙之处在于它们保持了 2D 条形图的简单性,同时扩展了它们表示比较信息的能力。

程序 2.91 3D 条形图

```
1:   from matplotlib import pyplot as plt
2:   import numpy as np
3:   from mpl_toolkits.mplot3d import Axes3D
4:   fig = plt.figure()
5:   ax1 = fig.add_subplot(121, projection = '3d')
6:   ax2 = fig.add_subplot(122, projection = '3d')
7:   x = [1,3,5,7]
```

```
 8:    y = [3,6,9,12]
 9:    bottom = [1,1,1,1]
10:    top = [1,3,1,1]
11:    width = [1,1,3,1]
12:    depth = [1,1,1,3]
13:    ax1.bar3d(x, y, bottom, width, depth, top, shade = True)
14:    ax1.set_xlabel('x Label')
15:    ax1.set_ylabel('y Label')
16:    ax1.set_zlabel('z Label')
17:    ax1.set_title('Shaded')
18:    ax2.bar3d(x, y, bottom, width, depth, top, shade = False)
19:    ax2.set_xlabel('x Label')
20:    ax2.set_ylabel('y Label')
21:    ax2.set_zlabel('z Label')
22:    ax2.set_title('Not Shaded')
23:    plt.show()
```

输出:

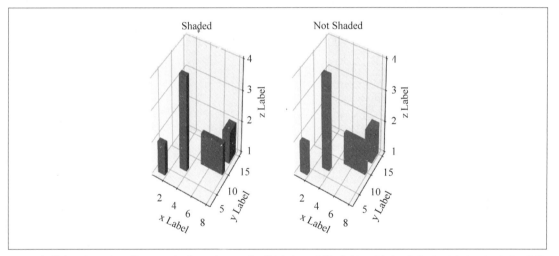

绘制条形图需要位置和大小。在3D条形图中,通常选择 z 轴表示高度,因此,每个条形将从 $z = 0$ 开始,其大小与视图可视化的值成比例。

2.6.5 常见的图像格式

1. 彩色图像

获取图片及显示图片的通用方法如下。

程序 2.92 彩色图像

```
1:    import matplotlib.pyplot as plt
2:    import matplotlib.image as mpimg
3:    pic = mpimg.imread('timg .jpg')
4:    plt.imshow(pic)
5:    plt.show()
```

输出：

2. 灰度图像

灰度图像矩阵元素的取值范围通常为[0,255]，因此其数据类型一般为 8 位无符号整数(int8)，这就是人们经常提到的 256 灰度图像。0 表示纯黑色，255 表示纯白色，中间的数字从小到大表示由黑到白的过渡色。在某些软件中，灰度图像也可以用双精度数据类型(double)表示，像素的值域为[0,1]，0 代表黑色，1 代表白色，0~1 的小数表示不同的灰度等级。

程序 2.93　线条属性练习

```
1:    import matplotlib.pyplot as plt
2:    import matplotlib.image as mpimg
3:    import numpy as np
4:    pic = mpimg.imread('timg.jpg')
5:    rgb_weight = [0.299, 0.587, 0.114]
6:    pic_weight = np.dot(pic, rgb_weight)
7:    plt.imshow(pic_weight,cmap = 'gray')
8:    plt.axis('off')
9:    plt.show()
```

输出：

3. 二值图像

二值图像可以看成是灰度图像的一个特例。一幅二值图像的二维矩阵仅由 0、1 两个值构成，0 代表黑色，1 代表白色。由于每一像素(矩阵中每一元素)取值仅有 0、1 两种可能，所以计算机中二值图像的数据类型通常为一个二进制位。二值图像通常用于文字、线条图的扫描识别(OCR)和掩膜图像的存储。

程序 2.94　线条属性练习

```
 1:   import matplotlib.pyplot as plt
 2:   from PIL import Image
 3:   img = Image.open('timg.jpg')
 4:   img = img.convert('L')
 5:   threshold = 200
 6:   table = []
 7:   for i in range(256):
 8:       if i > threshold:
 9:           table.append(0)
10:       else:
11:           table.append(1)
12:   pic = img.point(table, '1')
13:   plt.imshow(pic)
14:   plt.show()
```

输出:

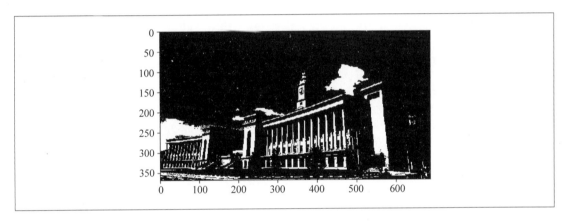

2.6.6　图像的基本操作

1. 几何变换

这里介绍 Python 下 OpenCV 使用的几何变换。图像的几何变换主要包括平移、扩大与缩小、旋转、仿射、透视等。图像变换是建立在矩阵运算基础上的,通过矩阵运算可以很快地找到对应关系。

1) 图像平移

图像的平移可通过 NumPy 产生矩阵,并将其赋值给仿射函数 cv2.warpAffine()。仿射函数 cv2.warpAffine()接收三个参数:需要变换的原始图像、移动矩阵以及变换的图像大小(这个大小如果不和原始图像大小相同,那么函数会自动通过插值调整像素间的关系)。

2) 图像的扩大与缩小

图像的扩大与缩小有专门的一个函数 cv2.resize(),那么关于伸缩需要确定的就是缩放比例,可以是 x 与 y 方向相同倍数,也可以单独设置 x 与 y 的缩放比例。另外,在缩放以后图像必然会变化,这就又涉及一个插值问题。那么这个函数中,缩放有几种不同的插值

(interpolation)方法,在缩小时推荐使用 cv2. INTER_ARER(),扩大时推荐使用 cv2. INTER_CUBIC()方法和 cv2. INTER_LINEAR()方法。默认都是 cv2. INTER_LINEAR()方法。

3) 图像的旋转

OpenCV 提供了一个函数 cv2. getRotationMatrix2D(),这个函数需要三个参数:旋转中心、旋转角度和旋转后图像的缩放比例。

4) 图像的仿射

图像的旋转加上拉伸就是图像仿射变换,仿射变换也需要一个矩阵,但是由于仿射变换比较复杂,一般直接很难找到这个矩阵。OpenCV 提供了根据变换前后三个点的对应关系自动求解矩阵。这个函数是 M=cv2. getAffineTransform(pos1,pos2),其中两个位置就是变换前后的对应位置关系。输出的就是仿射矩阵 M。然后再使用函数 cv2. warpAffine()。

5) 图像的透射

投射需要的是一个 3×3 的矩阵,同理 OpenCV 在构造这个矩阵时,因为很难计算出来,所以也采用一种点对应的关系通过函数自己寻找。这个函数是 M = cv2. getPerspectiveTransform(pts1,pts2),其中 pts 需要变换前后的 4 个点对应位置。得到 M 矩阵后再通过函数 cv2. warpPerspective(img,M,(200,200))进行。

程序 2.95　几何变换

```
 1:    import cv2
 2:    import numpy as np
 3:    import matplotlib.pyplot as plt
 4:    matplotlib.rcParams['font.sans-serif'] = ['SimHei']      #用黑体显示中文
 5:    img = cv2.imread('timg.jpg')
 6:    image = cv2.cvtColor(img, cv2.COLOR_BGR2RGB)
 7:    M = np.float32([[1, 0, 120], [0, 1, 50]])
 8:    rows, cols = image.shape[:2]
 9:    img1 = cv2.warpAffine(image,M, (cols, rows))
10:    img2 = cv2.resize(image, (300, 100))
11:    img3 = cv2.resize(image, None, fx=1.3, fy=1.3)
12:    rows, cols, channel = image.shape
13:    M = cv2.getRotationMatrix2D((cols / 2, rows / 2), 90, 1)
14:    img4 = cv2.warpAffine(image,M, (cols, rows))
15:    img5 = cv2.flip(image, 0)                                #参数=0 以 x 轴为对称轴翻转
16:    img6 = cv2.flip(image, 1)                                #参数>0 以 y 轴为对称轴翻转
17:    pts1 = np.float32([[50, 50], [200, 50], [50, 200]])
18:    pts2 = np.float32([[10, 100], [200, 50], [100, 250]])
19:    M = cv2.getAffineTransform(pts1, pts2)
20:    img7 = cv2.warpAffine(image,M, (rows, cols))
21:    pts1 = np.float32([[56, 65], [238, 52], [28, 237], [239, 240]])
22:    pts2 = np.float32([[0, 0], [200, 0], [0, 200], [200, 200]])
23:    M = cv2.getPerspectiveTransform(pts1, pts2)
24:    img8 = cv2.warpPerspective(image,M, (200, 200))
25:    titles = ['原图', '平移图像', '图像缩小', '图像放大', '绕图像的中心旋转', '以 x 轴为对称
          轴翻转', '以 y 轴为对称轴翻转', '图像的仿射', '图像的透射']
26:    images = [image, img1, img2, img3, img4, img5, img6, img7, img8]
27:    for i in range(9):
28:        plt.subplot(3, 3, i + 1), plt.imshow(images[i], 'gray')
```

```
29:        plt.title(titles[i])
30:        plt.xticks([]), plt.yticks([])
31:  plt.show()
```

输出：

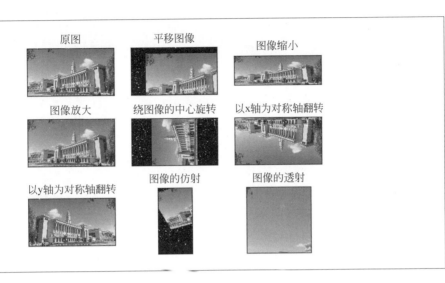

2. 时频域转换

时域（时间域）——自变量是时间，即横轴是时间，纵轴是信号的变化。动态信号是描述信号在不同时刻取值的函数。

频域（频率域）——自变量是频率，即横轴是频率，纵轴是该频率信号的幅度，即通常说的频谱图。

程序 2.96　时域与频域转换

```
1:    import numpy as np
2:    import pylab as pl
3:    sampling_rate = 5000
4:    fft_size = 256
5:    t = np.arange(0, 1.0, 1.0/sampling_rate)
6:    x = np.sin(2 * np.pi * 113.25 * t) + 2 * np.sin(2 * np.pi * 276.75 * t)
7:    xs = x[:fft_size]
8:    xf = np.fft.rfft(xs)/fft_size
9:    freqs = np.linspace(0, sampling_rate/2, fft_size/2 + 1)
10:   xfp = 20 * np.log10(np.clip(np.abs(xf), 1e - 20, 1e100))
11:   pl.figure(figsize = (8,4))
12:   pl.subplot(211)
13:   pl.plot(t[:fft_size], xs)
14:   pl.xlabel("Time(S)")
15:   pl.title("113.25Hz and 276.75Hz WaveForm And Freq")
16:   pl.subplot(212)
17:   pl.plot(freqs, xfp)
18:   pl.xlabel("Freq(Hz)")
19:   pl.subplots_adjust(hspace = 0.4)
20:   pl.show()
```

输出：

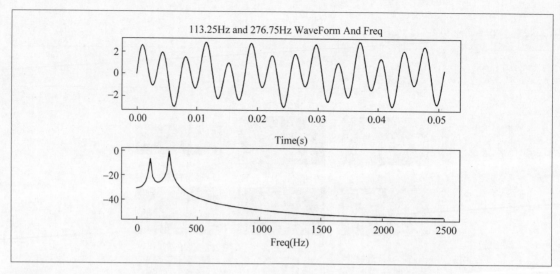

 2.7   小结

在本章中,学习了 Python 相关基础知识,了解了 Python 的基础编程知识、第三方模块的安装和使用,以及文件中数据的读写操作;重点学习了 Python 的科学计算库 NumPy、绘图库 Matplotlib。通过大量的学习,为后边的人工智能实践奠定基础。

 习题

1. 基于 Linux(如 Ubuntu)进行源代码方式的编译安装。

2. 同 C、C++、Java 等语言相比,Python 的优点和缺陷有哪些?

3. 定义一个长度为 20 的数组,统计数组中的最大值、最小值以及奇数和偶数的个数。

4. 编写函数 mix_up(a,b)实现两个字符串的变化。输入的两个字符串为 "abc","xyz",输出的字符串为"xyc abz",如下图所示。

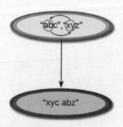

5. 通过随机数模拟掷色子的过程。投掷 700 次,分别统计各个点数出现的频次、比例,并以柱状图的方式显示可视化的结果(建议使用包 matplotlib. pyplot、NumPy、random、seaborn)。

07 第 5 题
解析

第 ③ 章

机器学习初步

本章主要介绍有关机器学习的相关知识,包括机器学习的基本流程、逻辑回归分类、线性回归预测及聚类等。在本章中,将要学习:

- 机器学习概述。
- 机器学习的分类。
- 数据预处理与特征工程。
- sklearn 库简介。
- 逻辑回归分类。
- 线性回归预测。
- 聚类。

 3.1 机器学习概述

08 机器学习导引

2016 年 3 月,AlphaGo 与围棋世界冠军李世石进行了围棋人机大战,以 4∶1 的总比分获胜;2017 年 5 月,AlphaGo 与世界排名第一的柯洁对战,以 3∶0 的总比分获胜。围棋界认为,AlphaGo 的棋力已经超过了人类围棋的顶尖水平。随着 AlphaGo 的大火,机器学习(Machine Learing,ML)获得越来越多的关注。

那什么是机器学习呢? 美国卡内基·梅隆大学(Carnegie Mellon University)机器学习研究领域的著名教授 Tom Mitchell 对机器学习的定义为:"A program can be said to learn from experience E with respect to some class of tasks T and performance measure P, if its performance at tasks in T, as measured bt P, improves with experience E."翻译过来就是:"如果一个程序在使用既有的经验(E)执行某类任务(T)的过程中被认定为是具备学习能力的,那么它一定需要展现出利用现有的经验(E)不断改善其完成既定任务(T)的性能(P)的特质"。

机器学习是一门多领域交叉学科,涉及概率论、统计学、逼近论、凸分析、算法复杂度理论等多门学科。它专门研究计算机怎样模拟或实现人类的学习行为,以获取新的知识或技能,重新组织已有的知识结构使之不断改善自身的性能。它是人工智能的核心,是使计算机具有智能的根本途径,其应用遍及人工智能的各个领域,它主要使用归纳、综合而不是演绎。

除去一些无关紧要的情况,人们很难直接从原始数据本身获得所需信息,例如,对于垃圾邮件的检测,检测一个单词是否存在并没有太大的意义,然而当某几个特定单词同时出现时,再辅以考察邮件长度以及其他因素,人们就可以更准确地判定该邮件是否为垃圾邮件。简单地说,机器学习就是把无序的数据转换为有用的信息。

机器学习横跨计算机科学、工程技术和统计学等多个学科,需要多学科的专业知识。它可以作为实际工具应用于从政治到地质学的多个领域,解决其中的很多问题。甚至可以这么说,机器学习对于任何需要解释并操作数据的领域都有所裨益。

机器学习的工作流程如图 3-1 所示。

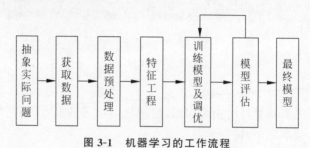

图 3-1　机器学习的工作流程

1. 抽象实际问题

深入理解实际问题的业务场景是机器学习的开始。理解实际问题,主要包括明确可以获得的数据,明确机器学习的目标是分类、回归还是聚类。例如回答一杯液体是红酒还是啤酒,首先要清楚这个问题是一个分类问题,然后就需要从这一杯液体中搜集一些数据,像泡沫数量、液体颜色和酒杯的形状等特征可能是重点,而液体的多少、酒杯的容量等特征可能不需要关注。

2. 获取数据

在获取数据时,得到的数据要有代表性,否则会对结果有很大的影响,会出现过拟合或欠拟合的现象。获取的方式可以是爬虫,可以是数据库拉取,也可以是 API 等。

3. 数据预处理

实际的场景中,得到的数据常常并不满足机器学习算法的要求。因为人为、软件和业务导致的异常数据还是比较多的,例如性别数据的缺失、年龄数据的异常(负数或者超大的数),而大多数模型对数据都有基本要求,这些异常数据对模型是有影响的。因此,通常都需要对数据进行基本处理,包括数据清洗、数据归一化、扩充等。

4. 特征工程

特征工程包括从原始数据中进行特征构建、特征提取和特征选择。特征工程需要反复理解实际业务场景。特征工程对很多结果有决定性的影响。特征选择好了,非常简单的算法也能得出良好、稳定的结果。特征工程需要运用特征有效性分析的相关技术,如相关系数、卡方检验、平均互信息、条件熵、后验概率、逻辑回归权重等。例如要预测是否下雨,在预测之前,肯定需要一些特征,如是否出现了朝霞或晚霞、温度、空气湿度等。对于分类问题,还需要对数据进行标签,如天气是否下雨等。在这个过程之后,就得到了正式的数据集。一般将数据集分成三组:第一组为用于学习的数据集,称为训练集;第二组用来预防过拟合的发生,辅助训练过程的数据集,称为验证集;第三组用于测试和评估训练好的模型的数据集,称为测试集。为了保证学习有效,需要三个数据集不相交。在实际的运用中,也可以选择训练集和测试集两个数据集进行学习和测试。

5. 训练模型及调优

根据数据的实际情况和具体要解决的问题来选择模型,要从样本数、特征维度、数据特征等综合考虑,同时,必须清楚解决的问题是分类还是回归。对于模型调优,可以采用交差验证、观察损失曲线、测试结果曲线等分析原因。可以尝试多模型融合,来提高学习效果。

6. 模型评估

根据分类、回归等不同问题,选择不同的评价指标。从各个方面评估模型准确率、误差、时间复杂度、空间复杂度、稳定性、迁移性等,以期达到最佳效果。

过程 5 和 6 可以是一个迭代的过程。当最终模型达到最佳效果后,就可以利用这个模型解决实际问题了。

3.2 机器学习的分类

1. 机器学习的分类概述

机器学习大致分为监督学习、半监督学习和无监督学习,涉及一些相关的技术,如图 3-2 所示。还有一些其他分类,在此不做讨论。

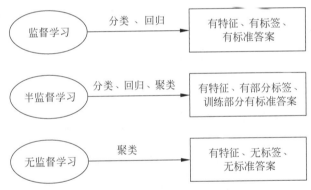

图 3-2 机器学习的分类

监督学习是基于标签训练数据的机器学习模型的过程。假如基于年龄、教育、地点等各种因素去建立一个自动预测人收入的系统。要做到这一点,需要创建一个拥有所有必要细节并标记它的人员的数据库。这样做,是告诉算法,什么参数对应于什么收入。基于这个映射,算法将会学习如何使用提供给它的参数来计算一个人的收入。

半监督学习是模式识别和机器学习领域研究的重点问题,是监督学习与无监督学习相结合的一种学习方法。半监督学习使用大量的未标记数据,以及同时使用标记数据,来进行模式识别工作。当使用半监督学习时,将会要求尽量少的人员来从事工作,同时,又能够带来比较高的准确性,因此,半监督学习目前越来越受到人们的重视。半监督学习不是本章的重点。

非监督学习指的是建立机器学习模型的过程不依赖于标签训练数据。从某种意义上说,它与刚刚讨论的相反。由于没有可用的标签,只能从得到的数据中提取需要的东西。假设想建立一个系统去把一组数据点集分割成多个组。棘手的是不知道分离的标准是什么。因此,一个无监督学习算法需要将给定的数据集以尽可能好的方式进行分组。

在无监督学习中,基本上不知道结果会是什么样子。但可以通过聚类的方式从数据中提取一个特殊的结构。聚类是无监督学习中的一种算法,我们在之后会讨论。在无监督学习中给定的数据和监督学习中给定的数据是不一样的。在无监督学习中给定的数据没有任何标签或者说只有同一种标签,如图 3-3 所示。

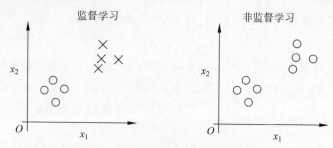

图 3-3　监督学习和非监督学习的区别

2. 分类与回归

在明白了监督学习的思想后,下面介绍监督学习中两类非常重要的应用——分类与回归。

分类的过程是将数据划分为给定的类。在分类过程中,将数据安排到固定数量的类别中以便更有效地使用。通俗来讲,分类就是根据所给数据的属性或者特征是否类似,来把它们归为一类。例如房子,按照房子的级别,可以分为高档住宅、普通住宅、公寓式住宅、别墅等,如图 3-4 所示,这就是分类。

图 3-4　房屋的分类

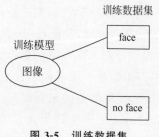

图 3-5　训练数据集

在机器学习中,分类解决了识别新数据点所属类别的问题。我们基于包含数据点和相应标签的训练数据集建立分类模型。例如,假设想要检查给定的图像是否包含一个人的脸。我们将构建一个包含与这两个类相对应的类的训练数据集:face 和 no face,然后根据训练样本来训练模型,如图 3-5 所示。这个经过训练的模型被用于推理。

一个好的分类系统很容易找到数据和检索数据。这在人脸识别、垃圾邮件识别、推荐引擎等方面得到了广泛的应用。数据分类的算法将会提出正确的标准,将给定的数据分离到给定的类中,如图 3-6 所示。

(a) 人脸识别　　　　(b) 垃圾邮件识别　　　　(c) 推荐引擎

图 3-6　分类系统的应用

机器学习需要提供足够多的样本来推广这些标准。如果样本数量不足,算法就会与训练数据不拟合。这就意味着它在未知数据上不会表现得很好,因为它对模型进行了太多的调整,以适应在训练数据中观察到的模式。这其实是机器学习中经常出现的问题。当构建不同的机器学习模型时这是一个值得考虑的因素。

回归是评估输入变量和输出变量之间关系的过程,如图 3-7 所示。回归从一组数据出发,确定某些变量之间的定量关系式,即建立数学模型并估计未知参数。回归的目的是预测数值型的目标值,它的目标是接受连续数据,寻找最适合数据的方程,并能够对特定值进行预测。这个方程称为回归方程,而求回归方程显然就是求该方程的回归系数,求这些回归系数的过程就是回归,因此,有无数种可能性。

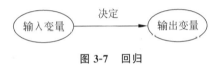

图 3-7　回归

这与分类是相反的。在分类中,输出类的数量是固定的。在回归中,一般认为输出变量取决于输入变量,所以人们想看看它们是如何关联的。输入变量被称为自变量,也称为预测因子,而输出变量被称为因变量,也称为标准变量。输入变量不需要彼此相互独立。在很多情况下输入变量之间存在相关性。

这里简单解释一下分类和回归的区别。分类模型和回归模型本质上是一样的,它们的区别在于输出变量的类型。分类的输出是离散的,回归的输出是连续的。分类问题是从不同类型的数据中学习到数据的边界,例如通过鱼的体长、质量、鱼鳞色泽等维度来分类鲇鱼和鲤鱼,这是一个定性问题;回归问题则是从同一类型的数据中学习到这种数据中不同维度间的规律,去拟合真实规律,例如通过数据学习到面积、房间数、房价几个维度的关系,用于根据面积和房间数预测房价,这是一个定量问题。

回归分析有助于人们理解在保持其他输入变量不变的同时,当改变一些输入变量时,输出变量的值是如何变化的。在线性回归中,假设输入和输出之间的关系是线性的。这限制了建模过程,但它是快速和高效的。在只有一个变量的情况下,线性回归可以用方程 $y = ax + b$ 表示。而如果有多个变量,也就是 n 元线性回归的形式,如:

$$h(x_1, x_2, \cdots, x_n) = \sum_{i=1}^{n} a_i x_i + b$$

有时,线性回归不足以解释输入和输出之间的关系,因此可以使用多项式回归。可以用一个多项式来解释输入和输出之间的关系。这在计算上更复杂,但更精确。回归经常被用于预测价格、经济、变化等。线性回归和多项式回归示例如图 3-8 所示。

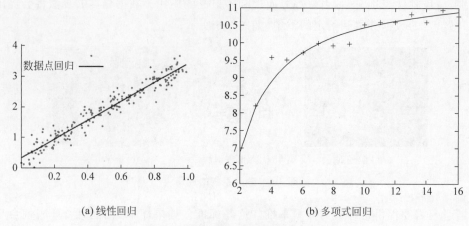

(a) 线性回归   (b) 多项式回归

图 3-8　线性回归和多项式回归示例

 ## 3.3　数据预处理与特征工程

数据质量对机器学习的算法影响很大,实际业务场景中,大多都需要对数据进行预处理,提高算法的精度。下面介绍几种常用的数据预处理方法。

1. 数据清洗

数据清洗的目的是将数据集中的"脏"数据去除。这些"脏"数据主要包括缺失的数据、异常的数据和重复的数据等。例如,在网上爬取的数据中某个属性可能包括缺失值、个人信息中性别没有填写、人的身高 3m、人的年龄 201 岁等。对于这些"脏"数据,如果量极少,如 10 000 个样本中有 5 个样本是"脏"数据,且是随机出现的,则可以直接删除,因为这 5 个样本对数据集影响不大,但如果有 20％的"脏"数据,直接删除"脏"数据会对整个数据集影响很大。因此要考虑将"脏"数据修改为合理的数据。

对于缺失数据,有以下几种常用处理方法。

(1) 直接删去:这种情况一般限于缺失数据少,删去对数据集影响不大的情况。

(2) 填充为一个常量:例如数值型的数据赋值为 0,文本数据赋值为空或 unknown 等。这样处理效果不一定好,因为算法可能会对这种常量当成数据集本身的属性。

(3) 取均值、中位数或使用频率高的值:选择数据的均值、中位数或使用频率高值进行填充,填充结果可能会存在偏差。

(4) 插值填充:线性插值、拉格朗日插值、牛顿插值。

(5) 模型填充:可以根据数据集的其他属性,通过已知的其他属性值来预测缺失属性值,根据数据类型,定义相应的回归或分类问题。将未丢失数据的那部分样本作为新问题的训练数据。这种方法是最为流行的方法。

异常数据也称为噪声数据。异常数据的发现有以下几种常用处理方法。

(1) 建模法:例如使用回归,找到恰当的回归函数来平滑数据。线性回归要找出适合两个变量的"最佳"直线,使得一个变量能预测另一个变量。多线性回归涉及多个变量,数据要适合一个多维面。那些不能很好拟合的数据,可以判定为异常数据。

(2) 计算机检查和人工检查相结合:可以通过计算机将被判定数据与已知的正常值比

较,将差异程度大于某个阈值的模式输出到一个表中,人工审核后识别出噪声数据。

（3）聚类:将类似的值组成群或聚类,落在聚类集合之外的值被视为孤立点或离群点,也就是异常数据。孤立点可能是垃圾数据,也可能是提供信息的重要数据。需要根据实际情况进一步处理。

（4）密度法:如果一个数据的局部密度低于它的大部分临近数据的密度,这个数据可以被认定为是噪声数据。

检测到数据集有噪声数据后,要对数据噪声数据进行处理,处理方式类似于缺失数据的处理方法。

2. 数据变换

数据变换是对对象的属性在数值上进行处理,包括规范化、离散化、稀疏化。下面主要介绍规范化处理。

规范化处理是对数据的归一化和标准化过程。数据中不同的特征由于量纲往往不同,数值间差距可能非常大,会影响到数据分析的结果。需要对数据按照一定比例进行缩放,保持数据所反映的特征信息的同时,使之落在合理范围内,便于进行综合分析。

一般基于样本间距离的机器学习方法,都离不开对数据的规范化处理。有一些模型由于其不关心变量的值,只关心分布情况,可能不需要进行规范化处理。例如基于概率模型的方法,C4.5分类决策树,依靠数据集关于特征的信息增益比,归一化不会影响结果。

3. 数据过滤

在数据集中,可能某个属性对于整个数据集没有什么意义,影响很小,可以把它过滤掉,例如用户 id 对于判断产品整体购买与未购买数量及趋势就意义不大,直接过滤掉就可以。

4. 特征工程

特征工程是机器学习中最为重要的一部分。什么是特征工程? 例如,设计一个身材分类器。输入数据为身高 X 和体重 W,标签为 Y,即身材等级(胖,不胖)。显然,不能单纯地根据体重来判断一个人胖不胖。针对这个问题,一个非常经典的特征工程是 BMI 指数,BMI = 体重/(身高的平方)。这样,通过 BMI 指数就能非常显然地帮助我们刻画一个人身材如何。甚至说可以抛弃原始的体重和身高数据。再例如,数据如果是图像类型,根据学习的目标,要考虑是否获取图像的特征——通道,而不是图像本身。

对于一个真实的数据集而言,可能获取非常多的特征,但是特征并不是越多越好,有的特征可能压根就与实际的结果没有关系,特征数量过多对计算机的开销也会增多。通常来看,会从以下两个大的方面进行选择。

特征是否发散:如果某个特征不发散,特征几乎是不变的,因此也就无法得知该特征对结果的影响。

特征与学习目标的相关性:与学习目标相关性高的特征,肯定是要优先选择的,而与目标几乎不相关的特征可以考虑是否放弃。为了避免特征过多带来学习上的问题,特征降维也被广泛应用。特征降维是特征工程中的一项重要工作,如果数据集的特征很多,不利于算法的学习,需要进行特征降维。特征降维是指从数据集的全部特征选择出一个最优特征子集,在某种评价指标下,训练集和测试集的评估效果最好。

09 sklearn
的使用

3.4 sklearn 库简介

经过数据预处理和特征选择过程,得到了机器学习的基本数据集。接下来要根据学习目标,选择相应的学习模型。在没有介绍具体的学习模型之前,介绍一下 Python 中的 Scikit-learn 库的使用,并实现前面介绍的数据预处理和特征工程的基本方法。

Scikit-learn 库由 David Cournapeau 在 2007 年首次开发。它包含一系列容易实现和调整的有用算法,可以用来实现分类和其他机器学习的任务。在官方网站下载时只有 Scikit-learn,但是在 Python 中调用该库时写法为 sklearn,后面在代码中调用该库也均为 sklearn,这里可以将 sklearn 看作是 Scikit-learn 的缩写。

sklearn 的基本功能主要分为六大部分,包括数据预处理、数据降维、模型选择、分类、回归、聚类。sklearn 基本功能如表 3-1 所示。

表 3-1 sklearn 基本功能

基本功能	说　　明
数据预处理(preprocessing)	数据特征提取、归一化
数据降维 (dimensionality reduction)	主成分分析(PCA)、非负矩阵分解(NMF)、特征选择(eature_selection)等
模型选择(model selection)	pipeline(流水线)、grid_search(网格搜索)、cross_validation(交叉验证)、metrics(度量)、learning_curve(学习曲线)等
分类(classification)	逻辑回归、支持向量机(SVM)、K-近邻、随机森林、逻辑回归、神经网络等
回归(regression)	线性回归、支持向量回归(SVR)、脊回归、弹性回归、贝叶斯回归、Lasso 回归、最小角回归(LARS)等
聚类(clustering)	K-Means(均值聚类)、spectral clustering(谱聚类)、mean-shift(均值漂移)、分层聚类、DBSCAN 聚类

1. 选择数据集

在机器学习过程中,经常需要使用各种各样的数据集,可以找一些通用的数据集来练习使用。在 sklearn 库中提供一些常用的数据集。

(1) 自带的小数据集(packaged dataset): sklearn. datasets. load_< name >,如表 3-2 所示。

表 3-2 自带的小数据集

数据集名称	调用方式	数据描述
鸢尾花数据集	load_iris()	用于分类任务的数据集
手写数字数据集	load_digits()	用于分类任务或者降维任务的数据集
乳腺癌数据集	load-barest-cancer()	简单经典的用于二分类任务的数据集
糖尿病数据集	load-diabetes()	经典的用于回归任务的数据集
波士顿房价数据集	load-boston()	经典的用于回归任务的数据集
体能训练数据集	load-linnerud()	经典的用于多变量回归任务的数据集

（2）可在线下载的数据集（downloaded dataset）：sklearn. datasets. fetch_< name >，如表3-3所示。

表3-3 可在线下载的数据集

数据集名称	调用方式
脸部图片数据集	fetch_olivetti_faces（data_home = None，shuffle = False，random_state = 0，download_if_missing = True）

（3）计算机生成的数据集（generated dataset）：sklearn. datasets. make_< name >，如表3-4所示。

表3-4 计算机生成的数据集

数据集名称	数据描述
make_blobs	多类单标签数据集，为每个类都分配一个或多个正态分布的点集
make_classification	多类单标签数据集，为每个类都分配一个或多个正态分布的点集，提供了为数据添加噪声的方式，包括维度相关性、无效特征以及冗余特征等
make_gaussian-quantiles	将一个单高斯分布的点集划分为两个数量均等的点集，作为两类
make_hastie-10-2	产生一个相似的二元分类数据集，有10个维度
make_circle、make_moom	产生二维二元分类数据集来测试某些算法的性能，可以为数据集添加噪声，还可以为二元分类器产生一些球形判决界面的数据

接下来以鸢尾花数据集为例，学习如何在 sklearn 中调用数据集、完成预处理及分类等任务。鸢尾花 iris 分为三个不同的类型：山鸢尾花 Setosa、变色鸢尾花 Versicolor、韦尔吉尼娅鸢尾花 Virginica，分类主要是依据鸢尾花的花萼长度、宽度和花瓣的长度、宽度四个指标。植物学家已经为150朵不同的鸢尾花进行了分类鉴定，鉴定的结果放在了这个数据集中。该数据集一般用于监督学习中的多分类问题。我们要解决的问题是：如果自己家的一株鸢尾花开花了，测量了一下花萼的长宽、花瓣的长宽分别是 3.1、2.3、1.2、0.5，然后想知道这朵鸢尾花到底属于哪个分类。

2. 调用数据集

首先要分析这个数据集的组成。在下面的程序中读取数据集并显示基本信息。

程序3.1 调用数据集

```
1:    from sklearn.datasets import load_iris
2:    iris = load_iris()
3:    print(iris.data)
4:    print(iris.target)              # 输出数据所属的真实标签
5:    print(iris.data.shape)          # 输出数据的维度
6:    print(iris.target_names)        # 输出数据标签的名字
```

输出：

```
[6.9 3.1 5.1 2.3]
[5.8 2.7 5.1 1.9]
[6.8 3.2 5.9 2.3]
```

```
[6.7 3.3 5.7 2.5]
[6.7 3.  5.2 2.3]
[6.3 2.5 5.  1.9]
[6.5 3.  5.2 2. ]
[6.2 3.4 5.4 2.3]
[5.9 3.  5.1 1.8]]
[0 0 0 0 0 0 0 0 0 0 0 0 0 0 0 0 0 0 0 0 0 0 0 0 0 0 0 0 0 0 0 0 0 0 0 0 0
 0 0 0 0 0 0 0 0 0 0 0 0 0 1 1 1 1 1 1 1 1 1 1 1 1 1 1 1 1 1 1 1 1 1 1 1 1
 1 1 1 1 1 1 1 1 1 1 1 1 1 1 1 1 1 1 1 1 1 1 1 2 2 2 2 2 2 2 2 2 2 2 2 2 2
 2 2 2 2 2 2 2 2 2 2 2 2 2 2 2 2 2 2 2 2 2 2 2 2 2 2 2 2 2 2 2 2 2 2 2 2 2
 2 2]
(150, 4)
['setosa' 'versicolor' 'virginica']
```

分析: 输出的内容是部分的数据集内容及基本信息。iris. data 是一个矩阵,有 150 行 4 列数据,每一行数据为花萼长度、宽度和花瓣的长度、宽度四个指标。iris. target 是具体的分类向量,用 0,1,2 代表 3 个不同的类别,类型的名称存储在 iris. target_names 中。

3. 划分数据集

在模型训练时,一般会把数据集划分成训练集、验证集和测试集,其中训练集用来估计模型,验证集用来确定网络结构或控制模型复杂程度的参数,而测试集则用于检验最终选择的最优模型的性能优劣。

sklearn 中使用 sklearn. model_selection 模块对数据集进行划分,而该模块中的 train_test_split() 是交叉验证中常用的函数,其功能是从样本中随机按比例选取 train_data 和 test_data,详情如下。

程序 3.2　使用 train_test_split()对数据集进行划分

```
1:    from sklearn. model_selection import train_test_split
2:    from sklearn. datasets import load_iris
3:    iris = load_iris()
4:    X_train, X_test, Y_train, Y_test = train_test_split(iris. data, iris. target, test_size = 0.4,
      random_state = 0)
5:    print('iris 数据集的大小: ', iris. data. shape)
6:    print('目标数据集的大小: ', iris. target. shape)
7:    print('生成的训练集的特征个数(数据个数): ', X_train. shape)
8:    print('生成的训练集的标签个数(样本个数): ', Y_train. shape)
9:    print('生成的测试集的特征(数据个数): ', X_test. shape)
10:   print('生成的测试集的标签个数(样本个数): ', Y_test. shape)
11:   print('iris 数据集前 5 行的数据: ', iris. data[:5])
12:   print('生成的训练集的前 5 行的数据: ', X_train[:5])
```

输出:

```
iris数据集的大小: (150, 4)
目标数据集的大小: (150,)
生成的训练集的特征个数（数据个数）: (90, 4)
```

```
生成的训练集的标签个数（样本个数）：  (90,)
生成的测试集的特征（数据个数）：  (60, 4)
生成的测试集的标签个数（样本个数）：  (60,)
iris数据集前5行的数据：  [[5.1 3.5 1.4 0.2]
 [4.9 3.  1.4 0.2]
 [4.7 3.2 1.3 0.2]
 [4.6 3.1 1.5 0.2]
 [5.  3.6 1.4 0.2]
生成的训练集的前5行的数据：  [[6.  3.4 4.5 1.6]
 [4.8 3.1 1.6 0.2]
 [5.8 2.7 5.1 1.9]
 [5.6 2.7 4.2 1.3]
 [5.6 2.9 3.6 1.3]]
```

4. 数据预处理

归一化：将输入变量变换到某一范围，如 $[0, 1]$ 区间。在 sklearn 库中，使用 MinMaxScaler 类实现；常用于类似梯度下降的优化算法、回归和神经网络中的加权输入以及类似 K-近邻的距离度量。

标准化：通常适用于高斯分布的输入变量。具体来说，将输入变量中的每个属性值减去其平均值，然后除以标准差，得到标准正态分布的属性值。在 sklearn 库中，使用 StandardScaler 类实现；常用于假定输入变量高斯分布的线性回归、逻辑回归和线性判决分析。

正规化：将输入变量变换为具有单位范数长度的数据。常用的范数有 L1、L2。在 sklearn 库中，使用 Normalizer 类实现；常用于含有许多 0 的稀疏数据集，像神经网络采用加权输入的算法和 K-近邻采用距离度量的算法。

二值化：使用门限值，将输入数据变为 0 或 1 两个值。当输入变量值大于门限值时，变换为 1；当输入变量值小于或等于门限值时，变换为 0。在 sklearn 库中，使用 Binarizer 类实现；常用于获取清晰的值的概率，产生新的有意义的属性的特征工程。

程序 3.3　数据预处理练习

```
1:    from sklearn import datasets
2:    import numpy as np
3:    data = datasets.load_iris()
4:    X, y = data.data, data.target
5:    np.set_printoptions(precision = 3)
6:    print ("原始数据：")
7:    print (X[:4, :])
8:
9:    from sklearn.preprocessing import MinMaxScaler
10:   scaler = MinMaxScaler(feature_range = (0,1))
11:   rescaledX = scaler.fit_transform(X)
12:   # Print transformed data
13:   print ("归一化：")
14:   print(rescaledX[0:4,:])
15:
16:   from sklearn.preprocessing import StandardScaler
17:   scaler = StandardScaler().fit(X)
```

```
18:    standardizedX = scaler.transform(X)
19:    print ("标准化: ")
20:    print (standardizedX[0:4,:])
21:
22:    from sklearn.preprocessing import Normalizer
23:    scaler = Normalizer().fit(X)
24:    normalizedX = scaler.transform(X)
25:    print ("正规化: ")
26:    print (normalizedX[0:4,:])
27:
28:    from sklearn.preprocessing import Binarizer
29:    binarizer = Binarizer(threshold = 0.0).fit(X)
30:    binaryX = binarizer.transform(X)
31:    print ("二值化: ")
32:    print (binaryX[0:4,:])
```

输出:

```
原始数据
[[5.1 3.5 1.4 0.2]
 [4.9 3.  1.4 0.2]
 [4.7 3.2 1.3 0.2]
 [4.6 3.1 1.5 0.2]]
归一化:
[[0.222  0.625  0.068  0.042]
 [0.167  0.417  0.068  0.042]
 [0.111  0.5    0.051  0.042]
 [0.083  0.458  0.085  0.042]]
标准化:
[[-0.901  1.019  -1.34   -1.315]
 [-1.143  -0.132  -1.34   -1.315]
 [-1.385  0.328  -1.397  -1.315]
 [-1.507  0.098  -1.283  -1.315]]
正规化:
[[0.804  0.552  0.221  0.032]
 [0.828  0.507  0.237  0.034]
 [0.805  0.548  0.223  0.034]
 [0.8    0.539  0.261  0.035]]
二值化:
[[1. 1. 1. 1.]
 [1. 1. 1. 1.]
 [1. 1. 1. 1.]
 [1. 1. 1. 1.]]
```

5. 数据降维

数据降维是指使用主成分分析、非负矩阵分解或特征选择等降维技术来减少要考虑的随机变量个数,其主要应用场景包括可视化处理和效率提升。

程序 3.4 主成分分析

```
1:    import matplotlib.pyplot as plt
2:    from mpl_toolkits.mplot3d import Axes3D
3:    from sklearn import datasets
4:    from sklearn.decomposition import PCA
5:
6:    iris = datasets.load_iris()
7:    X = iris.data[:, :2]        #仅考查前两个特征
8:    y = iris.target
9:    x_min, x_max = X[:, 0].min() - .5, X[:, 0].max() + .5
10:   y_min, y_max = X[:, 1].min() - .5, X[:, 1].max() + .5
11:   plt.figure(2, figsize = (8, 6))
12:   plt.clf()
13:   plt.scatter(X[:, 0], X[:, 1], c = y, cmap = plt.cm.Set1,
14:               edgecolor = 'k')
15:   plt.xlabel('Sepal length')
16:   plt.ylabel('Sepal width')
17:   plt.xlim(x_min, x_max)
18:   plt.ylim(y_min, y_max)
19:   plt.xticks(())
20:   plt.yticks(())
21:   fig = plt.figure(1, figsize = (8, 6))
22:   ax = Axes3D(fig, elev = -150, azim = 110)
23:   X_reduced = PCA(n_components = 3).fit_transform(iris.data)
24:   ax.scatter(X_reduced[:, 0], X_reduced[:, 1], X_reduced[:, 2], c = y,
      cmap = plt.cm.Set1, edgecolor = 'k', s = 40)
25:   ax.set_title("First three PCA directions")
26:   ax.set_xlabel("1st eigenvector")
27:   ax.w_xaxis.set_ticklabels([])
28:   ax.set_ylabel("2nd eigenvector")
29:   ax.w_yaxis.set_ticklabels([])
30:   ax.set_zlabel("3rd eigenvector")
31:   ax.w_zaxis.set_ticklabels([])
32:   plt.show()
```

输出：

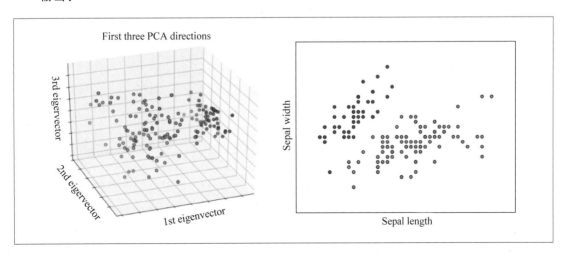

3.5　逻辑回归分类

逻辑回归是用来解释输入变量和输出变量之间关系的一种技术。输入变量是自变量,输出变量是因变量。因变量只能取一组固定的值。这些值对应于分类问题中的类。

逻辑回归的学习过程如图 3-9 所示。

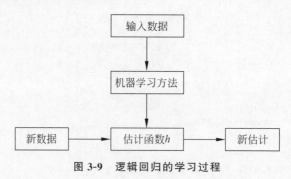

图 3-9　逻辑回归的学习过程

学习的目标是通过使用逻辑函数估计概率来确定自变量和因变量之间的关系。这个逻辑函数是一个 sigmoid()函数,用来构建具有各种参数的函数。它与广义线性模型分析非常接近,试着将一条直线与一堆点相匹配以最小化误差。不用线性回归,而是使用逻辑回归。由于它的简单性使得它在机器学习中很常见。

sigmoid()函数形式为:

$$\text{sigmoid}(x) = g(x) = \frac{1}{1 + e^{-x}}$$

逻辑回归虽然名字里带有“回归”,但它实际上是一种分类算法,主要用于二分类问题。逻辑回归通常是利用已知的自变量来预测一个离散型因变量的值(像二进制值 0 和 1)。简单来说,它就是通过拟合一个逻辑函数来预测一个事件发生的概率。所以它预测的是一个概率值,它的输出值应该为 0~1 的一个数值。

sigmoid()函数的分布如图 3-10 所示。

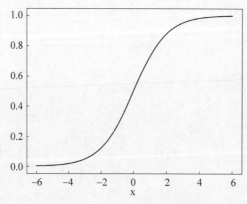

图 3-10　sigmoid()函数的分布

使用 sigmoid()函数,就是让样本点经过运算后得到的结果限制在 0~1,压缩数据的巨幅震荡,从而方便得到样本点的分类标签(分类可以以 sigmoid()函数的计算结果是否大于 0.5

为依据)。

假设你的一个朋友让你回答一个问题。可能的结果只有两种：你答对了或没有答对。为了研究你最擅长的题目领域，你做了各种领域的题目。那么这个研究的结果可能是这样的：如果是一道初中二年级的数学题，你有 70% 的可能性能解出它。但如果是一道初中一年级的地理题，你会的概率可能只有 30%。逻辑回归就是给你这样的概率结果。

逻辑回归主要在流行病学中应用较多，比较常用的情形是探索某疾病的危险因素，根据危险因素预测某疾病发生的概率等。例如，想探讨胃癌发生的危险因素，可以选择两组人群：一组是胃癌组；另一组是非胃癌组。两组人群肯定有不同的体征和生活方式等。这里的因变量就是是否患有胃癌，即"是"或"否"，自变量可以包括很多，例如年龄、性别、饮食习惯、幽门螺杆菌感染等。自变量既可以是连续的，也可以是分类的。

调用 sklearn.linear_model.LogisticRegression() 可以实现逻辑回归分类。它使用一些参数，常用的参数如下。

(1) penalty：正则化选择参数。它默认方式为 L2 正则化，可以选用 L1。

(2) C：正则项系数的倒数。

(3) solver：决定了逻辑回归算法中损失函数的优化算法，有四种算法可以选择，分别如下。

① liblinear：使用了开源的 liblinear 库实现，内部使用了坐标轴下降法来迭代优化损失函数。

② lbfgs：拟牛顿法的一种，利用损失函数二阶导数矩阵来迭代优化损失函数。

③ newton-cg：牛顿法的一种，利用损失函数二阶导数矩阵来迭代优化损失函数。

④ sag：随机平均梯度下降，是梯度下降法的变种，和普通梯度下降法的区别是每次迭代仅仅用一部分样本来计算梯度，适合于样本数据多的时候。

lbfgs、newton-cg 和 sag 这三种优化算法时都需要损失函数的一阶或者二阶连续导数，因此不能用于没有连续导数的 L1 正则化，只能用于 L2 正则化。而 liblinear 可以使用 L1 正则化和 L2 正则化。

(4) multi_class：默认值为 ovr，适用于二分类问题。对于多分类问题，用 multinomial，在全局的概率分布上最小化损失。

如果选择了 ovr，损失函数的四种优化方法 liblinear、lbfgs、newton-cg 和 sag 都可以选择。但是如果选择了 multinomial，则只能选择 lbfgs、newton-cg 和 sag。

sklearn 中，所有的估计器都带有 ** fit() 和 predict() 方法。** fit() 用来分析模型，predict() 是通过 ** fit() 算出的模型，对变量进行预测获得的值。

下面构建一个逻辑回归分类器，用于预测鸢尾花的类别。

程序 3.5　逻辑回归分类

```
1:    from sklearn.datasets import load_iris
2:    import pandas as pd
3:    from sklearn.linear_model import LogisticRegression
4:    import numpy as np
5:    import matplotlib.pyplot as plt
6:    from sklearn.model_selection import train_test_split
7:
8:    iris = load_iris()
```

```
9:     x = iris.data
10:    y = iris.target
11:    x_train, x_test, y_train, y_test = train_test_split(x, y, random_state = 0, test_size = 0.20)
12:    clf = LogisticRegression(C = 1, solver = 'newton - cg', multi_class = 'multinomial')
13:    clf.fit(x_train, y_train)
14:    print("实际值:", y_test)
15:    print("预测值:", clf.predict(x_test))
16:    print(clf.score(x_train, y_train))
17:    print(clf.score(x_test, y_test))
18:    print(clf.predict([[3.1, 2.3, 1.2, 0.5]]))
```

输出:

```
实际值:[2 1 0 2 0 2 0 1 1 1 2 1 1 1 1 0 1 1 0 0 2 1 0 0 2 0 0 1 1 0]
预测值:[2 1 0 2 0 2 0 1 1 1 2 1 1 1 1 0 1 1 0 0 2 1 0 0 2 0 0 1 1 0]
0.9666666666666667
1.0
[0]
```

分析: 在这个实例中,并没有进行数据预处理等处理,而是直接将数据集分为训练集和测试集,数据集的80％用于训练,20％用于测试。输出的第1行是测试集的实际分类,0、1和2分别表示鸢尾花的三个分类。输出的第2行是学习模型的预测值。对比发现,分类的效果非常好。输出的第3行是模型使用训练集的识别准确率,输出的第4行是模型测试集验证的准确率。第5行是利用模型对[3.1, 2.3, 1.2, 0.5]数据进行分类的结果。

3.6　线性回归预测

线性回归是利用数理统计中回归分析来确定两种或两种以上变量间相互依赖的定量关系的一种统计分析方法,运用十分广泛。其表达形式为 $y = wx + e$, e 为误差服从均值为0的正态分布。

回归分析中,只包括一个自变量和一个因变量,且二者的关系可用一条直线近似表示,称为一元线性回归分析。如果回归分析中包括两个或两个以上的自变量,且因变量和自变量之间是线性关系,为多元线性回归分析。

优点:计算比较简单,结果容易理解。

缺点:对非线性数据拟合较差。

下面以sklearn库提供的波士顿房价数据集Boston为例,选用sklearn库中基于最小二乘法的线性回归模型,使用训练集进行拟合,并使用测试集进行验证。

1. 数据集的基本情况

波士顿房价的数据集源于美国某经济学杂志。数据集共有506行14列数据,其中每一行数据都是对波士顿周边或城镇房价的情况描述,每一列数据对应的实际意义如下。

CRIM:城镇人均犯罪率。

ZN:住宅用地所占比例。

INDUS:城镇中非住宅用地所占比例。

CHAS：虚拟变量，用于回归分析。

NOX：环保指数。

RM：每栋住宅的房间数。

AGE：1940 年以前建成的自住单位的比例。

DIS：距离五个波士顿的就业中心的加权距离。

RAD：距离高速公路的便利指数。

TAX：每一万美元的不动产税率。

PTRATIO：城镇中的教师、学生比例。

B：城镇中的黑人比例。

LSTAT：地区中有多少房东属于低收入人群。

MEDV：自住房屋房价中位数（也就是均价）。

sklearn 库提供了不少回归算法，本例利用线性回归算法运行预测，其他的方法可以作为练习。sklearn 提供的常用回归模型如表 3-5 所示。

表 3-5　sklearn 提供的常用回归模型

模块名称	函数名	算法名
linear_model	LinearRegression	线性回归
svm	SVR	支持向量机
neighbors	KNeighborsRegressor	最近邻回归
tree	DecisionTreeRegression	回归决策树
ensemble	RandomForestRegressor	随机森林回归
ensemble	GrandientBoostingRegressor	梯度提升树回归

2. 分析数据集

导入数据后，数据特征很多，一般要做特征选择。在波士顿房价预测实例中，找到与房价最强相关的三个属性。sklearn 库中的 SelectKBest 模块功能是特征选择，可以设置两个参数。

（1）score_func：需要一个得分函数，对于回归问题可以选择 f_regressioin 和 mutual_info_regression；对于分类问题，可以选择 chi2、f_classif 和 mutual_info_classif。默认函数为 f_classif。

（2）k：整数、默认或 all。使用 k 代表选择 k 个特征，默认为 10 个特征。all 选项则绕过选择，用于参数搜索。

SelectKBest 模块提供的常用方法如下。

（1）fit(X,y)：在(X,y)上运行记分函数并得到适当的特征。

（2）fit_transform(X[，y])：拟合数据，然后转换数据。

（3）get_params([deep])：获得此估计器的参数。

下面使用 SelectKBest 模块进行数据集的特征选择。

程序 3.6　波士顿数据集相关性分析

```
1:    from sklearn import datasets
2:    from sklearn.feature_selection import SelectKBest
3:    from sklearn.feature_selection import f_regression
```

```
4:
5:    dataset = datasets.load_boston()
6:    x = dataset.data
7:    y = dataset.target
8:    names = dataset.feature_names
9:    s = SelectKBest(f_regression, k = 3)
10:   s.fit_transform(x, y)
11:   arr = s.get_support()
12:   i = 0
13:   for t in arr:
14:        if t:
15:             print(names[i])
16:   i = i + 1
```

输出:

```
RM
PTRATIO
LSTAT
```

分析: 结果输出是 RM、PTRATIO 和 LSTAT 三个特征,与房价相关最高。RM 是每栋住宅的房间数,PTRATIO 是城镇中的教师、学生比例,LSTAT 是地区中有多少房东属于低收入人群。这三个按照实际的意义,还具备一定逻辑性。

3. 异常数据处理

采用散点图来展示并分析数据。X 轴的值为每一个特征值,Y 轴是房价。

程序 3.7　波士顿数据集的散点图

```
1:    import pandas as pd
2:    import numpy as np
3:    import matplotlib.pyplot as plt
4:    from sklearn import datasets
5:    from sklearn.linear_model import LinearRegression
6:
7:    dataset = datasets.load_boston()
8:    x = dataset.data
9:    y = dataset.target
10:   names = dataset.feature_names
11:   fori in range(13):
12:        plt.plot(7, 2, i + 1)
13:        plt.scatter(x[:, i], y, s = 10)
14:        plt.title(names[i])
15:        plt.show())
```

输出: 有 13 个散点图,这里只展示其中的 4 个。

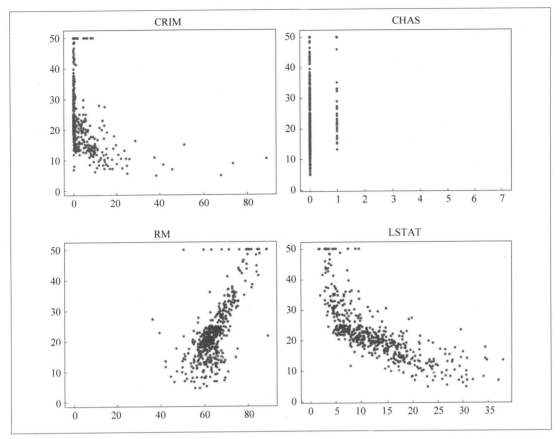

分析：观察 RM、LSTAT、PTRATIO 这三个散点图，Y 值为 50 点对应的 X 轴的值不同，并且很分散，可以判定为异常数据，考虑删除，其他值都较为正常。

经过以上两步，得到处理后的数据集。接下来通过使用这个数据集，并利用线性回归算法进行学习。

4. 线性回归分析

调用 sklearn. linear_model. LinearRegression()可实现线性回归分析，所需参数如下。

（1）fit_intercept：布尔型参数，表示是否计算该模型截距。可选参数。默认值为 True。

（2）normalize：布尔型参数，若为 True，则 X 在回归前进行归一化。可选参数。默认值为 False。

（3）copy_X：布尔型参数，若为 True，则 X 将被复制；否则将被覆盖。可选参数。默认值为 True。

（4）n_jobs：整型参数，表示用于计算的作业数量。若为 -1，则用所有的 CPU。可选参数。默认值为 1。

程序 3.8 波士顿数据集线性回归分析

```
1:    import matplotlib.pyplot as plt
2:    from sklearn import datasets
3:    from sklearn.linear_model import LinearRegression
4:    import pandas as pd
```

```
 5:    from sklearn.model_selection import train_test_split
 6:    from pandas importDataFrame
 7:    from sklearn.metrics import r2_score
 8:
 9:    bos = datasets.load_boston()              #获取数据
10:    x = bos.data
11:    y = bos.target
12:    df = pd.DataFrame(x,columns = bos.feature_names)
13:    features = ['CRIM','ZN','INDUS','CHAS','NOX','AGE','DIS','RAD','TAX','B']
14:    tmp = df.drop(features,axis = 1)          #删除 features 存储的对应列
15:    tmp_row = []                              #存储删除的行号
16:    fori in range(len(y)):
17:        if y[i] = = 50:
18:            tmp_row.append(i)                 #存储房价等于 50 的异常值下标
19:    x = tmp.drop(tmp_row)
20:    y = pd.DataFrame(y).drop(tmp_row)
21:    #分割数据集
22:    X_train,X_test,y_train,y_test = train_test_split(x,y,random_state = 0,test_size = 0.20)
23:    print(len(X_train))
24:    print(len(X_test))
25:    lr = LinearRegression()
26:    #使用训练数据进行参数估计
27:    print(lr.intercept_)                      #截距
28:    print(lr.coef_)                           #线性模型的系数
29:
30:    lr.fit(X_train,y_train)
31:    #回归预测
32:    y_pred = lr.predict(X_test)
33:    fig = plt.figure(figsize = (12, 6))
34:    plt.plot(range(y_test.shape[0]), y_test, color = 'blue', linewidth = 1.5, linestyle = '-')
35:    plt.plot(range(y_test.shape[0]), y_pred, color = 'red', linewidth = 1.5, linestyle = '-.')
36:    plt.legend(["source", "predict "])
37:    plt.show()
38:    score = r2_score(y_test,y_pred)
39:    print(score)
```

输出的曲线图形和数值:

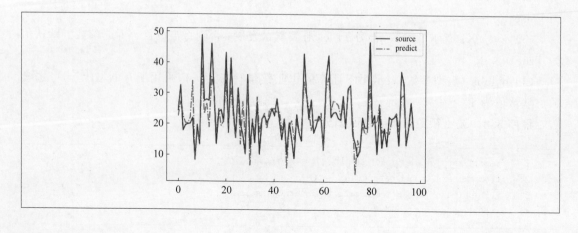

```
392
98
[19.81059047]
[[ 3.88235108 − 0.85618638 − 0.51535387]]
    0.7062014880668344
```

分析：首先对数据集进行了处理，只保留 3 列数据，并删除了异常数据。将数据集分为训练集和测试集，数据集的 80% 作为训练集，20% 作为测试集。训练集有 392 条数据，测试集有 98 条数据。lr＝LinearRegression() 获取线性回归函数，lr.fit(X_train, y_train) 进行训练学习。[19.81059047] 为线性模型的截距，[[3.88235108　−0.85618638　−0.51535387]] 为线性模型的系数。然后以图形方式输出预测和实际数据对比图。从输出的曲线中可以清晰地看出，source 样式是原来的数据曲线，predict 为预测后的数据曲线。使用 R2_score 对模型评估，r2_score() 函数计算 R 的平方，即确定系数，可以表示特征模型对特征样本预测的好坏，它的输出数值为 0.7062014880668344。

 ## 3.7　聚类

聚类是根据相似性原则，将具有较高相似度的数据对象划分至同一类簇，将具有较高相异度的数据对象划分至不同类簇。聚类与分类最大的区别在于，聚类过程为无监督过程，即待处理数据对象没有任何先验知识，而分类过程为有监督过程，即存在有先验知识的训练数据集。

聚类的目标是识别数据点的内在属性，使它们属于相同的子组。没有一种通用的相似性度量方法适用于所有情况。这取决于当前的问题。例如，可能对查找每个子组的代表性数据点感兴趣，或者对查找数据中的异常值感兴趣。根据情况，最终会选择合适的度量方法。

K-Means 算法是一种著名的数据聚类算法。该算法中的 K 代表类簇个数，K-Means 代表类簇内数据对象的均值（这种均值是一种对类簇中心的描述），因此，K-Means 算法又称为 K-均值算法。K-Means 算法是一种基于划分的聚类算法，以距离作为数据对象间相似性度量的标准，即数据对象间的距离越小，则它们的相似性越高，它们越有可能在同一个类簇。数据对象间距离的计算有很多种，K-Means 算法通常采用欧氏距离来计算数据对象间的距离。

为了使用这个算法，需要假设集群的数量是预先知道的。然后使用不同的数据属性将数据分割成 K 个子组。首先确定集群的数量，并基于此对数据进行分类。这里的核心思想是，需要在每次迭代中更新这些 K 个质心的位置。继续迭代，直到将质心放置在它们的最佳位置。可见，质心的初始位置在算法中起着重要的作用。这些质心应该以一种巧妙的方式放置，因为这直接影响结果。一个好的策略是把它们尽可能地放在远离彼此的地方。

基本的 K-Means 算法将这些质心随机放置，接着从数据点的输入列表中根据算法来选择这些点。它试图把最初的质心彼此放置得很远，这样它就能很快地收敛。然后，遍历训练数据集，并将每个数据点都分配到离它最近的质心中去。一旦遍历完整个数据集，第一次迭代就结束了。算法已经根据初始化的质心对这些点进行了分组。现在，需要根据在第一次迭代结束时获得的新集群重新计算质心的位置。获得新的 K 个质心，需要再次重复上述过程，遍历数据集并将每个点都分配给最近的质心。

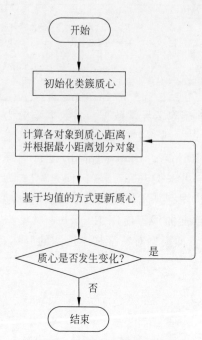

图 3-11 K-Means 聚类算法流程

11 K-Means
算法演示

当不断重复这些步骤时,质心会不断移动到它们的平衡位置。经过一定次数的迭代,质心不再改变它们的位置。这意味着质心已经到达了它的最终位置。最终生成的 K 个质心用于推断。

K-Means 聚类算法的具体步骤如下:

(1)初始化质心。K-Means 算法需要事先确定类簇分支数,并初始化各类簇的质心。

(2)聚类对象。K-Means 算法按照对象与质心间的距离划分类簇,其中,距离可以是欧式距离 $d_{Euclidean}$:

$$d_{Euclidean} = \sqrt{(x_1 - x_2)^2 + (y_1 - y_2)^2}$$

或是余弦距离 d_{cosine}:

$$d_{cosine} = \frac{x_1 x_2 + y_1 y_2}{\sqrt{x_1^2 + y_1^2}\sqrt{x_2^2 + y_2^2}}$$

(3)更新质心。K-Means 完成对象聚类后,计算各类簇中对象的平均值,并以此作为新的质心。

梳理算法的脉络,可构建出一个完整的 K-Means 聚类算法流程,如图 3-11 所示。

下面实现 K-Means 算法。

程序 3.9 K-Means 算法

```
1:  import numpy as np
2:  import matplotlib.pyplot as plt
3:  from sklearn.cluster import KMeans
4:
5:  X = np.loadtxt('data_clustering.txt', delimiter = ',')
6:  num_clusters = 5
7:
8:  plt.figure()
9:  plt.scatter(X[:,0], X[:,1], marker = 'o', facecolors = 'none',
10:          edgecolors = 'black', s = 80)
11:  x_min, x_max = X[:, 0].min() - 1, X[:, 0].max() + 1
12:  y_min, y_max = X[:, 1].min() - 1, X[:, 1].max() + 1
13:  plt.title('Input data')
14:  plt.xlim(x_min, x_max)
15:  plt.ylim(y_min, y_max)
16:  plt.xticks(())
17:  plt.yticks(())
18:
19:  kmeans = KMeans(init = 'k - means + +', n_clusters = num_clusters, n_init = 10)
20:  kmeans.fit(X)
21:
22:  step_size = 0.01
23:  x_min, x_max = X[:, 0].min() - 1, X[:, 0].max() + 1
```

```
24:   y_min, y_max = X[:, 1].min() - 1, X[:, 1].max() + 1
25:   x_vals, y_vals = np.meshgrid(np.arange(x_min, x_max, step_size),
26:                       np.arange(y_min, y_max, step_size))
27:
28:   output = kmeans.predict(np.c_[x_vals.ravel(), y_vals.ravel()])
29:   output = output.reshape(x_vals.shape)
30:
31:   plt.figure()
32:   plt.clf()
33:   plt.imshow(output, interpolation = 'nearest', extent = (x_vals.min(),
34:       x_vals.max(), y_vals.min(), y_vals.max()),
35:       cmap = plt.cm.Paired, aspect = 'auto', origin = 'lower')
36:   plt.scatter(X[:,0], X[:,1], marker = 'o', facecolors = 'none',
37:       edgecolors = 'black', s = 80)
38:
39:   cluster_centers = kmeans.cluster_centers_
40:   plt.scatter(cluster_centers[:,0], cluster_centers[:,1],
41:       marker = 'o', s = 210, linewidths = 4, color = 'black',
42:       zorder = 12, facecolors = 'black')
43:   x_min, x_max = X[:, 0].min() - 1, X[:, 0].max() + 1
44:   y_min, y_max = X[:, 1].min() - 1, X[:, 1].max() + 1
45:   plt.title('Boundaries of clusters')
46:   plt.xlim(x_min, x_max)
47:   plt.ylim(y_min, y_max)
48:   plt.xticks(())
49:   plt.yticks(())
50:   plt.show()
```

输出：

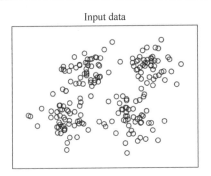

Input data

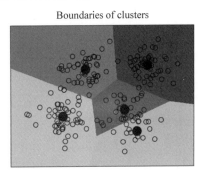

Boundaries of clusters

分析：首先从 sklearn 库中导入聚类模块 KMeans，从 data_clustering.txt 文件中加载源数据，并定义好集群的数量，这里集群数量定义为 5。接着对输入数据进行可视化，第一幅图展示的是输入数据。可以直观地看到在这个数据中有五个分组。使用初始化参数创建 K-Means 对象。init 参数表示选择集群初始中心的初始化方法。使用 K-Means＋＋以更智能的方式选择这些中心，而不是随机选择它们。这保证了算法的快速收敛。n_clusters 参数表示集群的数量。n_init 参数是指算法在确定最佳结果之前应该运行的次数。接着用输入数据对 K-Means 模型进行训练。最后绘图将训练结果进行可视化。第二幅图展示了训练后的结果,它成功地将输入数据分为了五个区域,并为每个簇的中心用黑点标了出来。

 3.8　小结

在本章中,首先了解了什么是机器学习,然后对机器学习做了分类,学习了监督学习、半监督学习和非监督学习的区别。接着学习了逻辑回归的概念,并用它们构建了分类器。然后学习了线性回归,并解决了房价预测问题。最后学习了聚类算法并用程序实现了 K-Means 算法。机器学习算法还有很多,本章只是简单地介绍几种算法及其应用,有了这些基础,机器学习的基本流程就清楚了,可以进一步深入学习。

 习题

1. 谈谈你对机器学习的理解,包括回归和分类的相同点和不同点。
2. 简述机器学习的流程。
3. 简述监督学习与无监督学习之间的区别。
4. 数据预处理过程中,对于异常数据处理的方法有哪些?
5. 实现本章逻辑回归分类、线性回归和聚类的实例。
6. 软聚类通过约束来放宽聚类的边界,从而解决重叠聚类、离群点和不确定对象的问题(也就是说一个对象可以属于多个聚类)。作为一种典型软聚类方法,三支聚类获得了众多的关注。请尝试实现三支 K-Means 算法。

第4章

自然语言处理

本章主要介绍自然语言处理的相关理论，将讨论处理文本的新概念，例如词干提取（stemming）、分词（tokenization）、词形还原（lemmatization）等，并用来处理文本。之后还将讨论词袋模型（bag of words）的概念，如何使用其进行文本分类等。在学习完本章后，会明白如何通过机器学习来分析给定句子的含义。最后讨论主题建模（topic modeling）。

学完本章后，你将会了解：
- 自然语言处理的概念。
- 文本分词与词汇还原。
- 文本分块与词袋模型。
- 使用 TF-IDF 算法构建文档类别预测器。
- 构建语义分析器。
- 基于 LDA 的主题模型。

 4.1　自然语言处理的概念

12 自然语言处理 1

在计算机科学与人工智能领域，一个重要方向是自然语言处理（Natural Language Processing，NLP），如图 4-1 所示。自然语言处理主要研究的是使用自然语言来实现人与计算机之间通信的各种方法和理论。自然语言处理是一门融多种学科为一体的科学，包括语言学、计算机科学和数学等。通俗地说，自然语言就是人们较为常用的语言，它与语言学联系密切，同时又有区别。自然语言处理是计算机科学的一部分，其目的在于实现自然语言通信的计算机系统，尤其是软件系统。

自然语言处理是现代系统中重要的组成部分，其应用如图 4-2 所示。自然语言处理广泛应用在人机对话接口、搜索引擎、文档处理等方面。虽然目前机器能够很好地处理一些结构化的数据，但机器很难处理无固定形式的文本。为解决这一困难，自然语言处理应运而生，其目的是开发出能够使计算机理解无结构文本的算法。

自然语言在处理无结构文本的过程中，一个最大的挑战是词的数量和变化。上下文在针对理解特定句子方面，起着非常重要的作用。人类已经能够很熟练地理解上下文并知道对方在说什么。相关研究人员开始尝试用机器学习的方法开发应用程序。具体的流程如下：首先需要收集大量文本，其次训练算法并执行各种任务，如分类文本、分析语义或主题建模。这些算法最终会被训练去捕获输入的文本数据,以及其衍生的意思。

图 4-1 自然语言处理

图 4-2 自然语言处理的应用

本章将讨论用于分析文本、构建自然语言处理应用程序涉及的概念,帮助我们理解从文本数据中提取出有意义的信息。在本章的开始,首先需要导入 Python 的第三方库,它是一个自然语言处理工具包(Natural Language Toolkit,NLTK),在之后的程序中会用到它。此外,为了能够访问 NLTK 提供的数据集,需要下载这些数据集,在终端下进入 Python 环境,并输入以下代码,从而下载这些数据集:

```
>>> import nltk
>>> nltk.download()
```

在之后的编程中,就能够使用 NLTK 提供的数据集了。另外需要一个健壮的语义模型库,即使用名为 gensim 的 Python 包,这对于很多应用是很有帮助的,在之后的编程中会详细地介绍 gensim 包。为使得 gensim 包更好发挥其作用,安装一个软件包 pattern。总之在进行编程之前,应确保安装了 NLTK 和 gensim。

提示:

(1) 在 Python 2.X 的版本中,如果只安装 gensim 包,程序有可能会报错,会提示缺少 pattern 包,所以还需要安装 pattern 包。

(2) 在 Python 3.X 的版本中,pattern 包进行了升级,如果要安装它,则安装 pattern3,它是 pattern 包的升级。

 ## 4.2 文本分词与词汇还原

4.2.1 文本分词

处理文本时首先需要将文本拆分成小片,像单词或者句子一样,输入的文本可以按照自己的方法划分,其中"片"被称为原型。

例如,用这样一个句子来进行分词。Do you know what natural language processing is? This is a very interesting technology! We'll look at it in this section.

如果是以句子为原型进行分词,那么结果是这样的。

"Do you know how tokenization works?" "It's actually quite interesting!" "Let's analyze a couple of sentences and figure it out. "

如果以单词为原型进行分词,那么结果是这样的。

'Do', 'you', 'know', 'what', 'natural', 'language', 'processing', 'is', '?', 'This', 'is', 'a', 'very', 'interesting', 'technology', '!', 'We', "'ll", 'look', 'at', 'it', 'in', 'this', 'section', '.'

如果按照标点符号来进行划分,那么它们也会被单独划分出来。

下面我们用一段程序来实现文本的分词。

程序 4.1 文本分词

```
1:   from nltk.tokenize import sent_tokenize, word_tokenize, WordPunctTokenizer
2:
3:   input_text = "Do you know what natural language processing is? This is a very
4:   interesting technology! We'll look at it in this section."
5:
6:   print("\nSentence tokenizer:")
7:   print(sent_tokenize(input_text))
8:
9:   print("\nWord tokenizer:")
10:  print(word_tokenize(input_text))
11:
12:  print("\nWord punct tokenizer:")
13:  print(WordPunctTokenizer().tokenize(input_text))
```

输出:

```
Sentencetokenizer:
['Do you know what natural language processing is?', 'This is a very interesting technology!',
"We'll look at it in this section."]

Wordtokenizer:
['Do', 'you', 'know', 'what', 'natural', 'language', 'processing', 'is', '?', 'This', 'is', 'a',
'very', 'interesting', 'technology', '!', 'We', "'ll", 'look', 'at', 'it', 'in', 'this', 'section', '.']

Wordpunct tokenizer:
['Do', 'you', 'know', 'what', 'natural', 'language', 'processing', 'is', '?', 'This', 'is', 'a', 'very',
'interesting', 'technology', '!', 'We', "'", 'll', 'look', 'at', 'it', 'in', 'this', 'section', '.']
```

分析:本程序中先导入一个名为 NLTK 的程序包,用于导入不同形式的分词器。然后定义将用于分词的输入文本。之后输入文本被不同的分词器进行分词。sent_tokenize 是将输入文本以句子为原型进行划分的;word_tokenize 是将输入文本以单词为原型进行划分的,此外,它还包括每一句最后的标点符号;WordPunctTokenizer 与 word_tokenize 的不同之处是句子当中的标点也会被划分出来。例如,We'll 中的'也被划分出来了。

提示:

NLTK是一套基于Python的自然语言处理工具集。它用来处理人类自然语言数据,提供了易于使用的接口,通过这些接口可以访问超过50个语料库和词汇资源(如WordNet),还有一套用于分类、标记化、词干标记、解析和语义推理的文本处理库等。

中文分词的情况就比较麻烦。在中文文本中,所有的词语连接在一起,计算机并不知道一个字应该与其前后的字连成词语,还是应该自己形成一个词语。因此在对文本构建词袋之前,需要先借助额外的手段将文本中的词语分隔开。值得一提的是,中文分词方法中,大多部分是基于统计学与匹配的方法,在这里就不详细介绍了。

4.2.2 使用 stemming 还原词汇

对于那些变化的词汇,必须处理不同形式但意义相同的单词,前提是计算机能够明白并且

图 4-3 write 的衍生形式

识别。例如,单词 write 能够以很多形式出现,如 wrote、writer、writing 等。这些单词属于同一意思,但是具有不同形式。人类能够轻松地识别这些单词的基础形式和衍生形式,如图 4-3 所示。

从上文可以看出,提取这些基本形式对于分析文本是很有必要的。它提取有用的统计信息,进而有利于分析文本。词干提取(stemming)能够做到这一点。词干提取器(stemmer)是将单词的不同形式转换为基本形式,从而达到减少单词量的目的,其中用到的方法是去掉单词的尾部,将变形的单词变成基本单词的形式,该过程是一个启发式的过程。

提示:

启发式指人在解决问题时所采取的一种根据经验规则进行发现的方法。其特点是在解决问题时,利用过去的经验,选择已经行之有效的方法,而不是系统地、以确定的步骤去寻求答案。

下面用一个例子来更加详细地了解 stemming 的原理。我们用'reading', 'calves', 'acting', 'undefined', 'house', 'possibly', 'version', 'hotel', 'learned', 'experience'这些单词作为测试,来看看 stemming 是如何工作的。

程序 4.2 使用 stemming 还原词汇

```
1:    from nltk.stem.porter import PorterStemmer
2:    from nltk.stem.lancaster import LancasterStemmer
3:    from nltk.stem.snowball import SnowballStemmer
4:
5:    input_words = ['reading', 'calves', 'acting', 'undefined', 'house',
6:                        'possibly', 'version', 'hotel', 'learned', 'experience']
7:
8:    porter = PorterStemmer()
9:    lancaster = LancasterStemmer()
```

```
10:    snowball = SnowballStemmer('english')
11:
12:    stemmer_names = ['Porter', 'Lancaster', 'Snowball']
13:    formatted_text = '{:>16}' * (len(stemmer_names) + 1)
14:    print('\n', formatted_text.format('Input Word', * stemmer_names),
15:          '\n', '*' * 70)
16:
17:    for word in input_words:
18:        output = [word, porter.stem(word),
19:                 lancaster.stem(word), snowball.stem(word)]
20:        print(formatted_text.format(* output))
```

输出：

```
        Input Word        Porter      Lancaster       Snowball
** ** ** ** ** ** ** ** ** ** ** ** ** ** ** ** ** ** ** ** ** ** ** *
        reading          read           read           read
        calves           calv           calv           calv
        acting           act            act            act
        undefined        undefin        undefin        undefin
        house            hous           hous           hous
        possibly         possibl        poss           possibl
        version          version        vert           version
        hotel            hotel          hotel          hotel
        learned          learn          learn          learn
        experience       experi         expery         experi
```

分析：在这个程序中，先导入了三个不同的词干提取器，分别是 Porter、Lancaster、Snowball。然后定义了一些单词作为输入来进行测试。在程序的第 8～10 行创建了这三个提取器对象。第 12～15 行创建了一个显示表格并格式化了输出文本。第 17～20 行遍历输入单词并使用三个不同的词干提取器提取词根。

这里讨论使用的三种词干提取算法。它们基本上都是为了实现相同的目标。它们之间的区别在于还原成基本形式的严格程度是不同的。

在严格程度上，Porter 词干提取器是最不严格的，而 Lancaster 词干提取器是最严格的。如果仔细观察输出，会注意到它们之间的区别。当涉及单词如 possibly 或 version 时，词干分析器的行为会有所不同。从 Lancaster 词干提取器获得的输出有点模糊，因为它减少了很多尾词。而且，这个算法非常快。一个很好的经验是使用 Snowball 词干提取器，因为它在速度和严格程度之间有很好的平衡。

4.2.3　使用 lemmatization 还原词汇

lemmatization 是另一种词汇还原的方式。在 4.2.2 节中，通过词干提取器提取词中的基本形式，这个过程可能没有任何意义。如三个词干提取器都提取出 calves 的基本形式是 calv，但 calv 不是一个真正的单词。为了解决这一问题，需要采取一种更具结构化的方法，使用 lemmatization 解决这一问题。

lemmatization 的原理是使用词态分析器和语法进行单词分析。它包含去除如 ing 和 ed

等后缀的单词的基本形式。所有基本形式的单词集合被称作字典。如果使用 lemmatization 对 calves 进行词汇还原,将输出 calf。单词基本形式的输出一般依赖于该词是名词还是动词。

针对 4.2.2 节中单词进行词汇还原的例子,使用 lemmatization 进行比较实验。分别使用名词还原器和动词还原器两种方式,进行单词的词汇还原。程序如下:

程序 4.3　使用 lemmatization 还原词汇

```
 1:    from nltk.stem import WordNetLemmatizer
 2:
 3:    input_words = ['reading', 'calves', 'acting', 'undefined', 'house',
 4:                   'possibly', 'version', 'hotel', 'learned', 'experience']
 5:
 6:    lemmatizer = WordNetLemmatizer()
 7:
 8:    lemmatizer_names = ['Noun Lemmatizer', 'Verb Lemmatizer']
 9:    formatted_text = '{:>24}' * (len(lemmatizer_names) + 1)
10:    print('\n', formatted_text.format('Input Word', * lemmatizer_names),
11:          '\n', '*' * 74)
12:
13:    for word in input_words:
14:        output = [word, lemmatizer.lemmatize(word, pos = 'n'),
15:                  lemmatizer.lemmatize(word, pos = 'v')]
16:        print(formatted_text.format( * output))
```

输出:

```
      Input Word      NounLemmatizer      Verb Lemmatizer
 ** ** ** ** ** ** ** ** ** ** ** ** ** ** ** ** ** ** ** ** ** ** ** *
      reading         reading             ead
      calves          calf                calve
      acting          acting              act
      undefined       undefined           undefined
      house           house               house
      possibly        possibly            possibly
      version         version             version
      hotel           hotel               hotel
      learned         learned             learn
      experience      experience          experience
```

分析: 该程序与程序 4.2 大致相似。先导入了一个词汇还原器 WordNetLemmatizer。接着还是使用 4.2.2 节中使用的输入单词来做测试,以便比较它们的输出有什么不同。其中第 8~11 行创建显示列表,并格式化文本。第 13~16 行则遍历输入的单词,分别使用动词还原器和名词还原器两种方法来还原词汇。

从实验对比结果中看出,当遇到类似如 reading 或者 calves 这样的单词时,名词还原器和动词还原器的输出结果是不一样的。如果将这些结果与词干提取器的输出结果进行比较,这两者的结果也有不同。相比之下 lemmatizaction 的输出都是具有意义的,相反 stemmer 的输出可能有意义也可能没有意义。

13 自然语言处理 2

4.3　文本分块与词袋模型

4.3.1　文本分块

在分析文本之前，文本数据通常被分成一小块，该过程称为"分块"。分块技术频繁使用在文本分析当中。依赖于手头不同的项目，分块的情况有很多变化。文本分块与分词不同。分块过程不受任何条件限制，输出的结果是有意义的。

当处理的文本文档篇幅较大时，文本分块非常有利于从文本中提取有意义的信息。可以根据单词的数量来进行分块，也可以根据其他的一些条件来分块。下面实现一段程序，用于对输入文本进行分块。

程序 4.4　文本分块

```
1:   import numpy as np
2:   from nltk.corpus import brown
3:
4:   def chunker(input_data, N):
5:       input_words = input_data.split(' ')
6:       output = []
7:       cur_chunk = []
8:       count = 0
9:       for word in input_words:
10:          cur_chunk.append(word)
11:          count += 1
12:          if count == N:
13:              output.append(' '.join(cur_chunk))
14:              count, cur_chunk = 0, []
15:      output.append(' '.join(cur_chunk))
16:      return output
17:
18:  if __name__ == '__main__':
19:      input_data = ' '.join(brown.words()[:6300])
20:      chunk_size = 800
21:      chunks = chunker(input_data, chunk_size)
22:      print('\nNumber of text chunks = ', len(chunks), '\n')
23:      for i, chunk in enumerate(chunks):
24:          print('Chunk', i + 1, '==>', chunk[:50])
```

输出：

```
Number of text chunks = 8

Chunk 1 ==> The Fulton County Grand Jury said Friday an invest
Chunk 2 ==> 2, 1913 . They have a son, William Berry Jr., a
Chunk 3 ==> bonds . Schley County Rep. B. D. Pelham will offer
Chunk 4 ==> Texas was a republic'' . It permits the state to
Chunk 5 ==> the requirement that each return benotarized . In
```

```
Chunk 6 = = > the Educationcourses . Fifty - three of the 150 rep
Chunk 7 = = > drafts of portions of the address with the help of
Chunk 8 = = > plan alone would boost the base to $ 5,000 a year a
```

分析：这个程序的主要作用是将文本进行分块。首先导入 NumPy 库(Python 的一个扩充程序库，其支持高级大量的矩阵运算与维度数组)。再通过 NLTK 语料库导入布朗语料库作为将要进行分块的文本。接着定义接收两个参数的分块函数：第一个参数是输入文本；第二个参数是每一块的单词数量。在该函数中遍历输入文本中的单词并使用输入参数将它们分块，函数返回一个列表。随后定义主函数，并且读入布朗语料库中的文本。读入了文本中前6300 个单词，读取多少单词可以自己决定。第 20 行定义了每块的单词数。第 21～24 行是将输入文本分块并显示输出结果。

提示：

> 布朗语料库是 20 世纪 60 年代初美国 Brown 大学创建的。布朗语料库收集了 500 个连贯英语书面语，每个文本超过 2000 个词，整个语料库约 1 014 300 个词。该语料库是第一个机读语料库，也是第一个平衡语料库。它用于研究当代美国英语。尽管从现在的理论及技术的水准看来，布朗语料库的资料及平衡方式略嫌粗糙，可是这个语料库一直是（英语）平衡语料库的标准。

该程序一共输出了 8 个块，每个块显示了前 50 个字符。

4.3.2　词袋模型

bag of words 也称作"词袋"。词袋是一种常用的文本特征提取方式，也是用于描述文本的简单数学模型。在信息检索时，将一个文本仅仅看作是若干词汇的集合，忽略文本中语法和次序。文档中出现的每个单词都认为是独立的，不依赖于其他单词。换言之，文档中任意一个位置出现的任何单词都是独立选择的，不会受到该文档语义的影响。

文本分析的主要目标之一是将文本转换为数值，有利于在上面使用机器学习。考虑一下包含数百万个单词的文本文档。为分析这些文档需要两个步骤，首先提取文档，再将其转换为数值形式。

这些数值形式的数据是通过机器学习算法来进行处理的，以便它们提取有用的信息，并分析数据。可以通过使用词袋模型，提取特征单词和特征矩阵建模，将每一份文档描述成一个词袋。我们只需要统计出单词的数量，文本中单词的语法和顺序都可以忽略。

那么一份文档的单词矩阵是怎样的呢？单词矩阵是用来记录文档中出现的所有单词的次数。总之，一份文档能被描述成为各种单词权重的组合体，并可以通过设置条件，筛选具有意义的单词。顺带也可以绘制出直方图，显示文档内所有单词的频率，这就是一个被用于文本分类特征向量。

思考下面的句子。

句 1：The children are playing in the playground

句 2：The playground has a lot of space

句 3：Lots of children like playing in an open space

如果你思考这三句话，能够得到下面 14 个唯一的单词：

the children are playing in playground has a lot of space like an open

这里有 14 个不同的单词。可以统计每句话中的单词次数,并构建直方图。每一个特征向量都将有 14 维,因为有 14 个不同的单词:

句 1:[2, 1, 1, 1, 1, 1, 1, 0, 0, 0, 0, 0, 0, 0, 0]

句 2:[1, 0, 0, 0, 0, 1, 1, 1, 1, 1, 1, 0, 0, 0]

句 3:[0, 1, 0, 1, 1, 0, 0, 0, 1, 1, 1, 1, 1, 1]

提取了这些特征向量之后,就可以分析这些数据了,并且使用机器学习的算法进行分析。可以使用词袋模型,编写一段程序来提取一个词频矩阵。

程序 4.5 使用词袋模型提取词频矩阵

```
 1:    import numpy as np
 2:    from sklearn.feature_extraction.text import CountVectorizer
 3:    from nltk.corpus import brown
 4:    from text_chunker import chunker
 5:
 6:    input_data = ' '.join(brown.words()[:5600])
 7:    chunk_size = 900
 8:    text_chunks = chunker(input_data, chunk_size)
 9:
10:    chunks = []
11:    for count, chunk in enumerate(text_chunks):
12:        d = {'index': count, 'text': chunk}
13:        chunks.append(d)
14:
15:    count_vectorizer = CountVectorizer(min_df = 7, max_df = 18)
16:    document_term_matrix = count_vectorizer.fit_transform([chunk['text'] for
17:                              chunk in chunks])
18:
19:    vocabulary = np.array(count_vectorizer.get_feature_names())
20:
21:    chunk_names = []
22:    for i in range(len(text_chunks)):
23:        chunk_names.append('Chunk ' + str(i + 1))
24:
25:    print("\nDocument Term Matrix:")
26:    formatted_text = '{:>9}' * (len(chunk_names) + 1)
27:    print('\n', formatted_text.format('Word', * chunk_names), '\n', '*' * 76)
28:    for word, item in zip(vocabulary, document_term_matrix.T):
29:        output = [word] + [str(freq) for freq in item.data]
30:        print(formatted_text.format( * output))
```

输出:

```
Document Term Matrix:

     Word   Chunk 1   Chunk 2   Chunk 3   Chunk 4   Chunk 5   Chunk 6   Chunk 7
 ** ** ** ** ** ** ** ** ** ** ** ** ** ** ** ** ** ** ** ** ** ** ** ** ** *
      and       27        5       15        8       16       17        6
```

are	2	2	1	1	4	1	1
as	6	4	4	2	9	3	3
be	6	11	5	10	2	3	2
by	3	5	4	10	10	7	3
for	9	12	5	13	7	5	2
his	4	5	5	2	2	5	1
in	15	16	12	14	19	20	3
is	3	7	5	1	7	5	1
it	9	6	12	6	1	3	2
of	33	24	28	36	37	33	3
on	4	6	3	15	1	6	4
one	1	3	1	4	1	1	1
or	2	2	1	1	2	1	1
the	77	57	48	58	48	72	9
to	11	34	22	26	18	19	5
was	5	8	9	5	6	6	1
with	2	2	4	1	3	3	1

分析：本程序使用词袋模型提取一个词频矩阵。从 sklearn(用于数据挖掘和机器学习等领域,封装了大量的机器学习算法)的特征提取模块中导入 CountVectorizer,它可以把收集到的文本文档数据转换为单词矩阵,并对单词进行计数。同样使用布朗语料库作为输入文本,同时导入 4.3.1 节中的分块函数。这次读入 5600 个单词,并定义每块的单词数为 900,然后使用 chunker() 函数将文本进行分块。第 10～13 行将所分的块转换为字典项。接着使用 CountVectorizer() 方法对单词进行计数,并提取单词矩阵。CountVectorizer() 方法需要两个输入参数：第一个参数是文档中单词的最小频率度；第二个参数是文档中单词的最大频率。这两个频率是参考在文本中单词的出现次数。

max_df：可以设置 float 型数据,其范围为[0.0 1.0],也可以设置为 int 型数据,其没有范围限制,默认值为 1.0,参数的作用是阈值,在构造语料库的关键词集时,如果检测出某个词的词频大于 max_df,则不会被当作关键词。需要注意的是,如果这个参数是 float 型数据,则表示词出现的次数与语料库文档数的百分比；如果是 int 型数据,则表示词出现的次数。如果参数中已经给定了词汇,则这个参数无效。

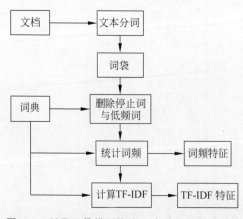

图 4-4　利用词袋模型构建文本特征的基本流程

min_df：作用类似于 max_df,不同之处在于如果某个词的词频小于 min_df,则这个词不会被当作关键词。

程序第 19 行是提取词汇表,它指的是在前一步中提取的不同单词的列表。接着为每一个块生成显示名称。最后打印该单词矩阵。能够在程序的输出中看到每个单词在每一块的出现次数和文档的单词矩阵。

词袋模型非常简单,但还需要与一些文本处理技术相搭配才能在应用中取得较好的效果,例如 TF-IDF、LDA 等技术。图 4-4 展示了利用词袋模型构建文本特征的基本流程。将在 4.4 节、4.6 节对文本处理技术 TF-IDF、LDA 进行介绍。

提示：

> 停止词：词典中包含一些诸如"的""也""了"等词语。这些词语是构成中文句子的基本字词，无论文档围绕什么主题，这些词语都不可避免地大量出现，但却对区分不同文档的主题毫无帮助。类似于这样不携带任何主题信息的高频词称为停止词。
>
> 低频词：出现次数极低的词汇，通常是一些不常用的专有名词。它们可能出现在特定的文章中，但是并不能代表某一类主题。

4.4 使用 TF-IDF 算法构建文档类别预测器

14 自然语言处理 3

文档类别预测器是对文档所属的类别进行预测。该方法在文档归类、搜索引擎中被频繁地使用。假设想要预测一个给定的句子，判断其是否描述政治、运动或者科学，采取的方式是，建立一个数据语料库，训练一个能够用于推断未知数据的算法。

为了构建预测器，将使用称为 Term Frequency-Inverse Document Frequency（TF-IDF）的统计方法。需要理解每个单词对一组文档中的文本的重要性，给定单词对一组文档中的文本有多重要。

TF-IDF 是一种用于信息检索与数据挖掘的常用加权技术。TF 是 Term Frequency（词频），IDF 是 Inverse Document Frequency（逆文本频率）。

TF-IDF 的主要思想是，如果在一篇文章中，某个短语或词出现的 TF 高，在另外的文章中出现的 TF 低，则说明此短语或者词适合用来分类，具有很好的类别区分能力。TF-IDF 实际上是 TF * IDF。TF 表示词条在文档 D 中出现的频率。IDF 的主要思想是，若词条 t 具有类别区分的能力，则词条 t 的文档数 n 就会越少，IDF 越大。例如有两类文档，其中某一类文档 C 内，其包含词条 t 的文档数为 m，其他类文档中包含 t 的文档总数为 k，显然所有包含 t 的文档数 $n = m + k$，当 m 大，n 也大，得到的 IDF 的值会小，就说明该词条 t 类别区分能力不强。但实际上存在一些不足，如果一个类的文档中，一个词条频繁出现，也正说明它能够代表这个类的文本特征，应该给它们赋予较高的权重，并选来作为该类文本的特征词以区别与其他类文档。这就是 IDF 的不足之处。

词频，是指在某文件中，一个给定的词语出现的频率。词频是对词数（term count）的归一化（即缩放向量的长度，使得所有元素的和为 1），目的是防止它偏向长的文件（需要注意的是，同一个词语在不同文件中次数不相同，不论该词语重要与否。例如在长文件中可能会比短文件出现更高的次数）。在某一特定文件里的词语 t_i 来说，它的重要性可表示为：

$$\mathrm{TF}_{i,j} = \frac{n_{i,j}}{\sum_k n_{k,j}}$$

以上式子中 $n_{i,j}$ 是该词 t_i 在文件 d_j 中的出现次数，分母则是在文件 d_j 中所有字词的出现次数之和。

逆向文件频率，是指度量一个词语的普遍重要性。假定当计算词频时所有单词的重要性都是相同的。但由于像 and 和 the 这样的词出现很多次，因此不能只依赖每个单词出现的频率。需要减少这类词的权重，来平衡上述这种情况，并衡量这些罕见的词汇。IDF 帮助我们制定一个独特的特征向量，有助于识别对每个文档都独一无二的单词。计算某一特定词语的

IDF,可以由总文件数目除以包含该词语的文件的数目,再将得到的商取对数得到:

$$\text{IDF}_i = \lg \frac{|D|}{|\{j : t_i \in d_j\}|}$$

式中,$|D|$是语料库中的文件总数;$|\{j : t_i \in d_j\}|$是包含词语 t_i 的文件数目(即 $n_{i,j} \neq 0$ 的文件数目)。因此一般情况下使用$1 + |\{j : t_i \in d_j\}|$。如果该词语不在语料库中,就会导致被除数为零。

最后,TF-IDF 的值是这两个值的乘积:

$$\text{TF-IDF}_{i,j} = \text{TF}_{i,j} \times \text{IDF}_i$$

产生出高权重的 TF-IDF 的情况是,某一特定文件内的高词语频率,以及该词语在整个文件集合中的低文件频率。因此,TF-IDF 的作用是倾向于去除过滤常见的词语,从而保留重要的词语。

下面结合词频和逆文档频率制定一个特征向量来对文档进行分类,程序如下。

程序 4.6　构建一个分类预测器

```
 1:  from sklearn.datasets import fetch_20newsgroups
 2:  from sklearn.naive_bayes import MultinomialNB
 3:  from sklearn.feature_extraction.text import TfidfTransformer
 4:  from sklearn.feature_extraction.text import CountVectorizer
 5:
 6:  category_map = {'talk.politics.misc': 'Politics', 'rec.autos': 'Autos',
 7:          'rec.sport.hockey': 'Hockey', 'sci.electronics': 'Electronics',
 8:          'sci.med': 'Medicine'}
 9:
10:  training_data = fetch_20newsgroups(subset = 'train',
11:          categories = category_map.keys(), shuffle = True, random_state = 5)
12:
13:  count_vectorizer = CountVectorizer()
14:  train_tc = count_vectorizer.fit_transform(training_data.data)
15:
16:  tfidf = TfidfTransformer()
17:  train_tfidf = tfidf.fit_transform(train_tc)
18:
19:  input_data = [
20:      'Be sure to take medicine when you are ill',
21:      'The player made a mistake in passing the ball',
22:      'Be sure to fasten your seat belt when you drive a car',
23:      'Sensing technology has been well applied in this device'
24:  ]
25:
26:  classifier = MultinomialNB().fit(train_tfidf, training_data.target)
27:  input_tc = count_vectorizer.transform(input_data)
28:  input_tfidf = tfidf.transform(input_tc)
29:  predictions = classifier.predict(input_tfidf)
30:
31:  for sent, category in zip(input_data, predictions):
32:      print('\nInput sentence:', sent, '\nPredicted category:', \
33:          category_map[training_data.target_names[category]])
```

输出：

```
Input sentence: Be sure to take medicine when you are ill
Predicted category: Medicine

Input sentence: The player made a mistake in passing the ball
Predicted category: Hockey

Input sentence: Be sure to fasten your seat belt when you drive a car
Predicted category: Autos

Input sentence: Sensing technology has been well applied in this device
Predicted category: Electronics
```

分析：上述程序是为了构建一个分类预测器。首先要从 sklearn 的数据集中导入需要的 fetch_20newsgroups 新闻数据集。接下来导入 sklearn 自带的多项式朴素贝叶斯分类器，并且训练这个分类器，使其可以分类输入数据。最后，从特征提取模块中导入 TfidfTransformer（用于计算词语权重）和 CountVectorizer（见 4.3.2 节）。

提示：

　　20newsgroups 数据集是用于文本分类、文本挖掘和信息检索研究的国际标准数据集之一，收集了大约 20 000 个新闻组文档，均匀分为 20 个不同主题的新闻组集合。

　　20newsgroups 数据集有三个版本。第一个版本 19997 是原始的并没有修改过的版本。第二个版本 bydate 按时间顺序分为训练（60%）和测试（40%）两部分数据集，不包含重复文档和新闻组名（新闻组、路径、隶属于、日期）。第三个版本 18 828 不包含重复文档，只有来源和主题。

对于初学者来说，这段程序不易理解。下面详细讲解这段程序。程序第 6～8 行是定义用于训练的类别的映射，这里使用了五个类别，字典中的 key 值引用了 Scikit-learn 中数据集的名字。第 10、11 行使用 fetch_20newsgroups 获取训练数据集。第 13、14 行创建 CountVectorizer 对象并提取词语计数。接着创建 TfidfTransformer 对象，并使用前面提取出来的数据对它进行训练。第 19～24 行定义了一些用于测试的句子。第 26～29 行使用训练数据训练多项式贝叶斯分类器，然后使用计数向量转换输入数据，再使用 TF-IDF 转换器转换向量数据，方便在推理模型中使用向量，其次使用 TF-IDF 转换的向量来预测输出。在程序的最后遍历输入数据，也就是每个句子，预测它们的输出类别并打印出来。可以看到预测的结果是正确的。

 ## 4.5 案例：构建语义分析器

15 自然语言处理 4

语义分析的目的是确定给定文本片段的语义。例如，它能够被用来确定一个电影评论是正面的还是负面的。这是自然语言处理最流行的应用之一。可以根据手头的问题添加更多的类别。这种技术通常用于了解人们对特定产品、品牌或主题的感受。它常常被人们用于民意调查、社会媒体形象、营销活动分析、电子商务网站的产品评价等方面。

本节使用朴素贝叶斯分类器的方式来构建这个分类器。首先要提取在文本中的所有唯一的单词。NLTK 分类器需要将这些数据以字典的形式进行排列,以便能够摄取它。其次,把文本数据划分为两种集合,分别为训练集和测试集,其中使用训练集训练朴素贝叶斯分类器,并将影评分为正面的和负面的两种情况。我们也会标记出最重要的单词来指出正面的和负面的影评。这个信息是有用的,因为它告诉我们用什么词来标识什么反应。

使用这些影评来作为测试:

This is a good movie,it has beautiful pictures.

The expression of this movie is so bad that I do not like it.

The framework and content of the film are very substantial.

The performance of the actors in the film is so bad.

使用经过训练的分类器测试这些影评,并使用 NLTK 中可用的内置方法来计算准确性。程序如下。

程序 4.7　构建语义分析器

```
 1:  from nltk.corpus import movie_reviews
 2:  from nltk.classify import NaiveBayesClassifier
 3:  from nltk.classify.util import accuracy as nltk_accuracy
 4:
 5:  def extract_features(words):
 6:      return dict([(word, True) for word in words])
 7:
 8:  if __name__ == '__main__':
 9:      fileids_pos = movie_reviews.fileids('pos')
10:      fileids_neg = movie_reviews.fileids('neg')
11:
12:      features_pos = [(extract_features(movie_reviews.words(
13:          fileids=[f])), 'Positive') for f in fileids_pos]
14:      features_neg = [(extract_features(movie_reviews.words(
15:          fileids=[f])), 'Negative') for f in fileids_neg]
16:
17:      threshold = 0.8
18:      num_pos = int(threshold * len(features_pos))
19:      num_neg = int(threshold * len(features_neg))
20:
21:      features_train = features_pos[:num_pos] + features_neg[:num_neg]
22:      features_test = features_pos[num_pos:] + features_neg[num_neg:]
23:
24:      classifier = NaiveBayesClassifier.train(features_train)
25:
26:      input_reviews = [
27:          'This is a good movie,it has beautiful pictures',
28:          'The expression of this movie is so bad that I do not like it',
29:          'The framework and content of the film are very substantial',
30:          'The performance of the actors in the film is so bad'
31:      ]
32:
33:      print("\nReview predictions:")
34:      for review in input_reviews:
```

```
35:          print("\nMovie review:", review)
36:          probabilities = classifier.prob_classify(extract_features(review.split()))
37:          predicted_sentiment = probabilities.max()
38:          print("Predicted result:", predicted_sentiment)
39:          print("Probability:", round(probabilities.prob(predicted_sentiment), 2))
```

输出：

```
Review predictions:

Movie review: This is a goodmovie,it has beautiful pictures
Predicted result: Positive
Probability: 0.67

Movie review: The expression of this movie is so bad that I do not like it
Predicted result: Negative
Probability: 0.7

Movie review: The framework and content of the film are very substantial
Predicted result: Positive
Probability: 0.67

Movie review: The performance of the actors in the film is so bad
Predicted result: Negative
Probability: 0.57
```

分析：先从 NLTK 的语料库中导入 movie_reviews 模块，再导入 NLTK 内置的朴素贝叶斯分类器和计算准确度的模块。首先，定义一个函数来构建一个基于输入数据的字典对象并返回该字典，函数 extract_features()实现了这一点。然后定义主函数并从语料库中载入影评，接着从影评中提取特征值并相应地标记它们是正面的还是负面的，程序第 8～15 行实现了这些。第 17～22 行定义了训练集和测试集的分割，数据的 80% 用于训练，20% 用于测试，然后将用于训练和测试的特征向量分开。接下来使用训练数据集合来训练一个朴素贝叶斯分类器。第 26～31 行定义了用于测试的影评样本，可以自己修改影评来进行测试以判断分类器的准确性。最后遍历样本数据并预测它们的影评结果。可以看到预测结果是正确的。

4.6 基于 LDA 的主题模型

16 自然语言处理 5

主题模型(topic modeling)指一种统计模型，用来从一批文档的集合中发现抽象的主题，如图 4-5 所示。如果文本包含多个主题，那么该技术可用于识别和分离输入文本中的主题。这样做的目的是从文档中发现隐藏的主题结构。

主题模型以一个最佳的方式帮助我们组织文档，这种方式能够被用来分析。值得注意的是，主题模型算法不需要任何被标记的数据。这就像无监督学习一样，依靠自己本身来识别模式。对于网络上产生的海量文本数据，主题模型就很重要了，因为它能够归纳所有的数据，这对于人来说是不可能的。

LDA(Latent Dirichlet Allocation)也被称为三层贝叶斯的概率模型，它是一种文档主题

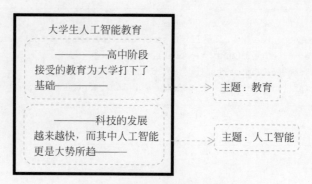

图 4-5　含有多个主题的文档

的生成模型。LDA包含三层结构,即词、主题和文档。生成模型过程简单来说就是一篇文章中的每个词都是"以一定概率选择某个主题,该主题中以一定概率选择某个词语"。需要注意的是,文档到主题和主题到词都是服从多项式分布的。

LDA技术是一种非监督机器学习。LDA通常用来识别潜藏在大规模文档集(document collection)或语料库(corpus)中的主题信息。LDA采用词袋(bag of words)方法将每一篇文档作为一个词频向量,将文本信息转换为易于建模的数字信息。词袋方法简化了问题的复杂性,即不考虑词与词之间的顺序,为模型的改进提供了很好的契机。每篇文档代表由一些主题构成的一个概率分布,且每个主题代表由很多单词构成的一个概率分布。

关于语料库中的每篇文档,LDA定义了如下生成过程。

(1) 每篇文档在主题分布中抽取一个主题。

(2) 再从被抽到的主题对应的单词分布中抽取一个单词。

(3) 重复上述过程,遍历文档中的每一个单词。

考虑这句话:"机器学习算法在人工智能中扮演着不可或缺的角色。"这个句子有机器学习、算法、人工智能等多个主题。这种特殊的组合有助于我们在大文档中识别这些文本。实质上,它是一个统计模型。它以词频代表主题,并假设文档的词频向量是文档所包含的所有主题的词频向量的加权平均。根据主题模型的假设,可以列出一个关于语料库与其中潜在主题的方程,并进行求解。

下面是基于LDA文档主题生成模型的程序。在本节中将会使用到gensim库,在开始编写程序之前,确保已经安装了它。

程序4.8　文档主题生成模型

```
1:    from nltk.tokenize import RegexpTokenizer
2:    from nltk.corpus import stopwords
3:    from nltk.stem.snowball import SnowballStemmer
4:    import warnings
5:    warnings.filterwarnings(action = 'ignore', category = UserWarning, module = 'gensim')
6:    from gensim import models, corpora
7:
8:    def load_data(input_file):
9:        data = []
10:       with open(input_file, 'r') as f:
```

```
11:             for line in f.readlines():
12:                 data.append(line[:-1])
13:         return data
14:
15:    def process(input_text):
16:        tokenizer = RegexpTokenizer(r'\w+')
17:        stemmer = SnowballStemmer('english')
18:        stop_words = stopwords.words('english')
19:        tokens = tokenizer.tokenize(input_text.lower())
20:        tokens = [x for x in tokens if not x in stop_words]
21:        tokens_stemmed = [stemmer.stem(x) for x in tokens]
22:        return tokens_stemmed
23:
24:    if __name__ == '__main__':
25:        data = load_data('data.txt')
26:        tokens = [process(x) for x in data]
27:        dict_tokens = corpora.Dictionary(tokens)
28:        doc_term_mat = [dict_tokens.doc2bow(token) for token in tokens]
29:
30:        num_topics = 2
31:        ldamodel = models.ldamodel.LdaModel(doc_term_mat,
32:                 num_topics=num_topics, id2word=dict_tokens, passes=25)
33:
34:        num_words = 5
35:        print('\nTop ' + str(num_words) + ' contributing words to each topic:')
36:        for item in ldamodel.print_topics(num_topics=num_topics,
37:        num_words=num_words):
38:            print('\nTopic', item[0])
39:            list_of_strings = item[1].split(' + ')
40:            for text in list_of_strings:
41:                weight = text.split('*')[0]
42:                word = text.split('*')[1]
43:                print(word, '-->', str(round(float(weight) * 100, 2)) + '%')
```

输出:

```
Top 5 contributing words to each topic:

Topic 0
"keep" --> 6.1%
"life" --> 4.7%
"day" --> 3.4%
"healthi" --> 3.4%
"practic" --> 3.4%

Topic 1
"road" --> 8.3%
"traffic" --> 5.3%
"walk" --> 5.3%
"command" --> 3.8%
"polic" --> 3.8%
```

分析：该程序是本章中知识点的汇总，它用到了前面讲解的多个知识点，如分词、词干提取、停止词等。首先从 NLTK 中导入 RegexpTokenizer(正则表达式分词器)文本进行处理，RegexpTokenizer 使用正则表达式处理文本。其优点是对于处理比较复杂词型的字符串，它能够进行准确分割。接着从 NLTK 的语料库中导入停止词模块，停止词在前面已经讲解过了。然后还需要导入 Snowball 词干提取器。

接下来介绍一个名为 gensim 的第三方库，它是一个健壮的语义模型库，用于从原始的非结构化的文本中无监督地学习到文本隐层的主题向量表达。这个第三方库支持多种主题模型算法，包括 LDA、LSA、TF-IDF 等算法。

从 gensim 中导入 models 和 corpora 模块。corpora(语料)是一组原始文本的集合，文本主题的隐层结构通常被无监督地训练。需要注意的是，corpora 不需要人工标注的附加信息。gensim 中 corpus 通常是一个像列表这样可迭代的对象。每一次迭代都会返回一个稀疏向量，其可用于表达文本对象。models(模型)定义了两个向量空间的变换，换言之是从文本的一种向量表达变换为另一种向量表达，它是一个抽象的术语。

提示：

> 由于 Python 的第三方库往往依赖于其他的库进行开发，一旦依赖的库发生较大的版本升级，往往会出现兼容性问题，引起编译器警告或报错。在安装 gensim 库的时候如果出现 UserWarning 警告，需要在程序的开头添加
>
> ```
> import warnings
> warnings.filterwarnings(action = 'ignore', category = UserWarning,
>     module = 'gensim')
> ```
>
> 这段程序是导入 Python 中的 warning 模块，然后使用该模块的过滤器来实现忽略由于版本兼容性问题而报的警告。

下面开始详细讲解基于 LDA 的文档主题生成模型。首先定义一个函数 load_data()来加载输入数据，在该函数中遍历输入文件的每一行并将其加载进 data 中，最后将其返回。其次定义一个处理函数 process()，其任务是对输入的文本进行处理，包括分词、删除停止词和词干提取。首先在该函数中定义一个正则表达式分词器和一个 Snowball 词干提取器，接着从输入文本中提取停止词列表。程序第 19～22 行是将输入字符串进行切分，然后使用切分后的字符串删除停止词，最后使用 stemmer 将单词提取出来并返回一个列表。

接下来定义主函数并从 data.txt 文本中加载输入数据。可以自定义 data.txt 文本中的数据，它是以 10 行作为分割的，每一行都是一个完整的句子。然后使用 process()函数处理该文本。处理完后的句子使用 corpora 中的 Dictionary 对象生成一个字典，接着用此字典使用 doc2bow()方法生成一个文档项矩阵，doc2bow()统计每个不同单词的出现次数，将单词转换为其编号，然后以稀疏向量的形式返回结果。程序第 30～34 行定义了主题的数量和将要用于输出的单词的数量，将输出和主题关联度最高的五个单词。在该段程序中，还使用 gensim 中的 models 模块生成了 LDA 模型。最后为每个主题打印出关联度最高的五个单词并计算它们的权重。

通过程序的输出可以看出，这个模型确实是很好地将文本分成了两个主题——运动和交通。如果看一下文本，可以验证每句话是关于运动的还是交通的。

4.7 小结

本章学习了关于各种自然语言处理的基本概念；讨论了分词及如何将输入文档分离成多个词；学习了如何使用 stemming 和 lemmatization 将单词还原成基本形式；还讨论了什么是词袋模型，并且为输入的文本构建了一个文档的单词矩阵。之后学习了怎样使用机器学习进行文本的分类，还使用机器学习分析影评。最后，讨论了基于 LDA 的主题建模。

习题

1. 分析 NLP 的几类典型应用，如 Chatbots、语义分析、机器翻译等。
2. 列出几种文本特征提取的算法。
3. 修改程序 4.5，根据一对给定的阈值，将评价划分为正面、负面、中性，并评价阈值改变对于评价的影响。
4. 列出几种自然语言处理开源工具包。

第4章
第3题
解析

第  章

语音识别

本章主要介绍语音识别技术。首先讨论处理语音信号的方式,接着了解音频信号可视化的过程,学习处理语音信号的相关技术,最后介绍如何建立一个语音识别系统。

学完本章后,你将会知道:

- 处理语音信号。
- 可视化音频信号。
- 将音频信号从时域转换为频域。
- 生成音频信号。
- 提取语音特征。
- 构建语音识别系统——识别口语词汇。

17 语音
处理 1

5.1 处理语音信号

语音识别是一门多学科交叉的技术。想要与机器流利地进行语音交流,就必须要让机器明白人们说话的含义,这是人们梦寐以求和不断探索的事情。语音识别被中国物联网校企联盟形象比作为"机器的听觉系统"。语音识别技术的目的是让机器识别和理解人们的语言,这个过程会把语音信号转换为相应的文本或命令,如图 5-1 所示。该技术近二十年来取得明显进步,已经从实验室走向了市场。人们预计在未来十年后,该技术会进入各个领域,例如通信、家电、工业、汽车电子、家庭服务、医疗、消费电子产品等。

图 5-1　语音识别

智能手机在日常生活中已经普及,在很多智能手机中都有一个十分方便的功能,那就是通过语音下达命令来让手机执行,例如对手机说"地图",手机就会打开手机里面的地图 App,这就用到了语音识别技术,运用这项技术的基础就是手机能够感知声音。类似地,如果有一天想对计算机下达命令让计算机打开某个文件夹,还得使用语音识别技术。那么现在问题就来了——我们都知道人类是通过耳朵感知声音的,手机或者计算机是如何感知声音的呢?

其实这个过程就是通过对声波进行一系列处理,最终将其转换为音频文件(MP3 格式等),这样方便计算机存储和处理。首先话筒采集到声波通过传感器转换为电信号(如电压),就好比我们的耳朵里面的听觉感受器将声音传递给听觉神经。

但是不同于我们的大脑,计算机是无法识别连续信号的,所以我们只能将采样到的电信号变换为离散(不连续)信号,无论是在时间还是声波的幅度上都如此,通过时间采样使得声波在时间上离散,同理通过分层的思想让声波的幅度也离散,这样连续的声波就转换为离散的电信号,让计算机可以识别,并且编码保存起来。这一系列的处理包括多个步骤,例如采样、量化和编码等,如图 5-2 所示。

- 采样:在某些特定的时刻对模拟信号进行测量,对模拟信号在时间上进行量化。具体方法是每隔相等或不相等的一小段时间采样一次。
- 量化:分层就是对信号的强度加以划分,量化是对模拟信号在幅度上进行度量。具体方法是将整个强度分成许多小段。
- 编码:将量化后的整数值用二进制数来表示。

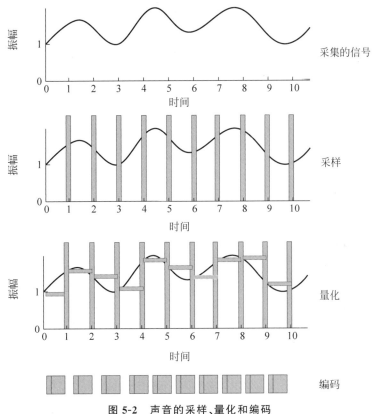

图 5-2　声音的采样、量化和编码

研究人员致力于语言的各个方面和应用,如理解口语单词、识别说话者是谁、识别情绪、识别口音等。语音识别技术在人机交互领域中是一个非常重要的环节。如果想制造能够与人类互动的认知机器人,就需要它们用自然语言与我们交谈。这就是近年来自动语音识别成为众多研究者关注的焦点的原因。

5.2　可视化音频信号

通过对声波的处理,计算机可以感知声音并且可以进行编码。就如同我们的大脑听到了某个声音并记了下来,接下来我们要做的就是识别出这是什么声音,是什么东西发出来的。那计算机到底是如何"理解"声音的呢?

我们都听过很多歌手唱歌,有些歌手的声音低沉沙哑,有些歌手的声音嘹亮高亢。即使他们唱同一首歌我们也能根据那些歌手的声音特色区分出是谁唱的。

那计算机是如何识别这些的呢? 因此我们需要频谱——计算机分析音频的依据。频谱的纵坐标代表幅度,横坐标代表频率——相应频率的声音对应的振幅。频谱图反映了不同频率的声音占的能量多少,在频谱图上反映的就是频谱幅度的相对大小。例如一段乐曲中的高音强低音弱,那么在一定范围内频率高的区域频谱的振幅就大,反之在频率低的区域对应的频谱幅度大,如图 5-3 和图 5-4 所示。

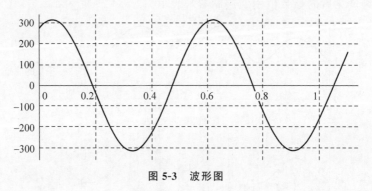

图 5-3　波形图

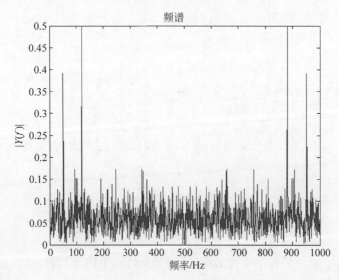

图 5-4　频谱图

我们在物理课上学到过声音三要素——音调、响度和音色。基于这些要素,我们就可以描述声音的特性。

- 音调：代表声音调子的高低。频率越高调子越高,反之,频率越低的调子就会越低。音调用频谱描述。
- 响度：常说的声音的大小,可以由波形的幅度来表示。
- 音色：声音的一种更加复杂的特征,就算是相同的音调和响度,不同的乐器演奏或者不同的人来演唱都会有不同的效果。原因就是不同的乐器和声带在振动发声的过程中,除了发出音调对应的频率 f 之外,还伴着一些高频的成分(频率为 $2f,3f,\cdots nf$),称为泛音。这些高频的成分对应的幅度各不相同,造成了特别的听觉感受。这也就解释了为什么有些人即使唱同一首歌会有不同的效果。音色图如图 5-5 所示。

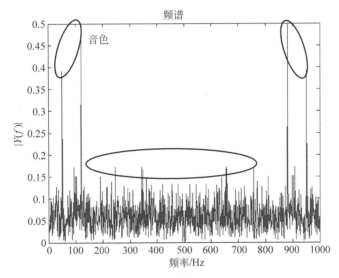

图 5-5　音色图

图 5-5 所示的音色图中第一个最高峰所处的频率就是音调,而在这个频率的整数倍的位置都有不同大小的峰值,它们之间的比例反映了声音音色的不同。通过这些特性,就能大概分出这是什么发出的声音了。

本章将可视化音频信号。我们会从一个文件中读取音频信号并使用它来生成频谱。这将帮助我们了解音频信号的结构。当使用麦克风录制音频文件时,音频信号会被采样并存储为数字化的形式。真实的音频信号情况是一个连续的波值,意味着不能按照实际音频原样存储它们,因此需要对某一频率的信号处理,首先采样,再转换为离散的数值。

最常见的语音信号的采样频率为 44 100 Hz,这意味着每秒的语音信号会被分解成 44 100 个小段,每个时间戳的离散数值都会被存储在一个输出的文件当中。每隔 1/44 100 s 保存一次音频信号的值。在这种情况下,音频信号的采样频率是 44 100 Hz。通过选择一个高采样频率,当人们听到它的时候,它会看起来像连续的音频信号。

接下来通过一段程序将音频信号可视化。

程序 5.1　可视化音频信号

```
1:    importnumpy as np
2:    import matplotlib.pyplot as plt
3:    from scipy.io import wavfile
4:
```

```
 5:    sampling_freq, signal = wavfile.read('random_sound.wav')
 6:
 7:    print('\nSignal shape:', signal.shape)
 8:    print('Datatype:', signal.dtype)
 9:    print('Signal duration:', round(signal.shape[0] / float(sampling_freq), 2),
10:    'seconds')
11:
12:    signal = signal / np.power(2, 15)
13:    signal = signal[:50]
14:
15:    time_axis = 1000 * np.arange(0, len(signal), 1) / float(sampling_freq)
16:
17:    plt.plot(time_axis, signal, color = 'black')
18:    plt.xlabel('Time (milliseconds)')
19:    plt.ylabel('Amplitude')
20:    plt.title('Input audio signal')
21:    plt.show()
```

输出:

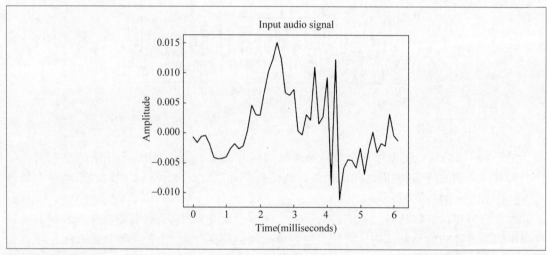

分析: 首先导入相关库,其中 SciPy 是一个常用软件包,主要用于科学、数学和工程领域,它可以处理很多复杂问题,包括积分、插值、优化、图像处理、常微分方程数值解的求解、信号处理等。接着用这个库中的 wavefile.read() 方法读取输入的音频文件,它返回两个值——采样频率和音频信号。第 7~10 行是打印出信号的形状、数据类型和音频信号的持续时间。然后把信号进行标准化处理并从 NumPy 数组中提取前 50 个值用于绘图。最后以秒为单位绘制时间轴并将之前做标准化处理的音频信号绘制出来。

上面的截图显示了输入音频信号的前 50 个示例。

5.3 将音频信号从时域转换为频域

为分析音频信号,需要知道音频信号的频率,并从中提取出有意义的信息。音频信号是由多种元素混合而成的,包括频率、相位和振幅的正弦波。如果仔细分析频率的分量,就能识别

18 语音
处理 2

出许多特征。任何给定的音频信号特征都是其在频谱中的分布。

时域和频域是信号的基本性质。下面讲解什么是时域,什么是频域。

时域(time domain)是唯一实际存在的域,它是真实世界。简单来说,我们所接触的世界是随着时间在不断进行变化的,世界是在运动的过程,如图 5-6(a)所示。

频域(frequency domain)不是真实的,而是一个数学构造。时域是唯一实际存在的域,而频域是一个数学范畴,也是被称为"上帝视角"的遵循特定规则的数学范畴。频域中唯一存在的波形是正弦波,它是对频域的描述,也是频域中最重要的规则,并且频域中的任何波形都是可以用正弦波来合成的,如图 5-6(b)所示。

通过图片来直观解释:在时域里面,一段音乐是什么? 音乐是一种振动,并且是随着时间变化而变化的,就像是钢琴上的琴弦,总是一会儿上一会儿下地摆动着。相比较,在频域里面,一段音乐是什么? 是一个个音符,是乐谱。乐谱中的音符个数是固定有限的,但仅仅有限的音符却可以组合成无限多的乐曲。

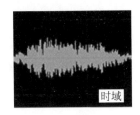
(a)时域

(b)频域

图 5-6 时域和频域

时域的基本变量是时间,它描述的是物理信号或数学函数与时间之间的关系。一个信号的时域波形表达出的信号是随着时间的变化而改变的。

频域的基本变量是频率,它描述的是一种坐标系,即信号在频率方面特性时用到的坐标系。坐标系上,横轴是频率,即频率是自变量;纵轴是该频率信号的幅度,就是频谱图,它描述了信号的频率结构及频率与该频率信号幅度之间的关系。

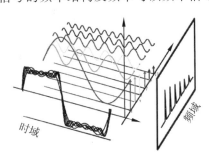

图 5-7 时域和频域坐标图

例如,眼前有一辆汽车,可以这样描述它。方面1:颜色,长度,高度;方面 2:排量,品牌,价格。而对于一个信号来说,它也有很多方面的特性,例如时域特性,信号强度会随着时间的变化规律;频域特性;信号是被哪些单一频率的信号合成的。

为了把时域信号转换为频域信号,需要使用快速傅里叶变换(FFT)这样的数学工具,如图 5-7 所示。快速傅里叶变换实质是频域函数和时域函数的转换。如果对快速傅里叶变换不太了解的话,可以参考数学方面相关书籍,这里不再讲解。

接下来看如何对音频信号进行转换,即从时域转换为频域。

程序 5.2 将音频信号从时域转换为频域

```
1:    import numpy as np
2:    import matplotlib.pyplot as plt
```

```
3:     from scipy.io import wavfile
4:
5:     sampling_freq, signal = wavfile.read('spoken_word.wav')
6:     signal = signal / np.power(2, 15)
7:
8:     len_signal = len(signal)
9:     len_half = np.ceil((len_signal + 1) / 2.0).astype(np.int)
10:
11:    freq_signal = np.fft.fft(signal)
12:
13:    freq_signal = abs(freq_signal[0:len_half]) / len_signal
14:    freq_signal ** = 2
15:
16:    len_fts = len(freq_signal)
17:    if len_signal % 2:
18:        freq_signal[1:len_fts] * = 2
19:    else:
20:        freq_signal[1:len_fts-1] * = 2
21:
22:    signal_power = 10 * np.log10(freq_signal)
23:
24:    x_axis = np.arange(0, len_half, 1) * (sampling_freq / len_signal) / 1000.0
25:
26:    plt.figure()
27:    plt.plot(x_axis, signal_power, color = 'black')
28:    plt.xlabel('Frequency (kHz)')
29:    plt.ylabel('Signal power (dB)')
30:    plt.show()
```

输出:

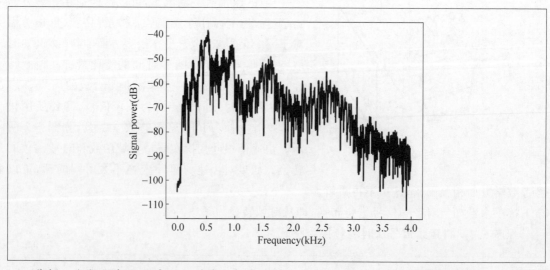

分析: 这段程序和程序5.1类似,先读取输入音频文件,并对其做标准化处理。其次提取出信号的长度和半长,进行快速傅里叶变换,将其变为频域信号。再对频域信号做归一化处理，取平方。这里需要考虑两种情况，即频域信号为奇数和偶数。然后计算信号的功率值，它是根据得到的频域信号取对数计算所得。最后构建 x 轴，在本例中用千赫（kHz）表示频率。

上面的截图显示了信号在频谱上的强度。

5.4 生成音频信号

知道了音频信号是如何工作的，再来看如何生成这样一个音频信号。可以使用 NumPy 包来生成不同的音频信号。由于音频信号是正弦波的混合，可以使用它来生成带有一些预定义参数的音频信号。

程序 5.3 生成音频信号

```
1:   import numpy as np
2:   import matplotlib.pyplot as plt
3:   from scipy.io.wavfile import write
4:
5:   output_file = 'generated_audio.wav'
6:
7:   duration = 4 # in seconds
8:   sampling_freq = 44100 # in Hz
9:   tone_freq = 784
10:  min_val = -4 * np.pi
11:  max_val = 4 * np.pi
12:
13:  t = np.linspace(min_val, max_val, duration * sampling_freq)
14:  signal = np.sin(2 * np.pi * tone_freq * t)
15:
16:  noise = 0.5 * np.random.rand(duration * sampling_freq)
17:  signal += noise
18:
19:  scaling_factor = np.power(2, 15) - 1
20:  signal_normalized = signal / np.max(np.abs(signal))
21:  signal_scaled = np.int16(signal_normalized * scaling_factor)
22:
23:  write(output_file, sampling_freq, signal_scaled)
24:
25:  signal = signal[:200]
26:  time_axis = 1000 * np.arange(0, len(signal), 1) / float(sampling_freq)
27:  plt.plot(time_axis, signal, color = 'black')
28:  plt.xlabel('Time (milliseconds)')
29:  plt.ylabel('Amplitude')
30:  plt.title('Generated audio signal')
31:  plt.show()
```

输出:

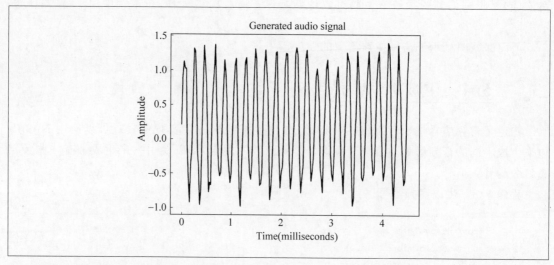

分析:首先定义一个输出音频文件名,这里为 generated_audio.wav。接着指定音频参数,时长定义为 4s、采样频率为 44 100Hz、音频频率为 784Hz、最小值为-4π、最大值为 4π。使用这些定义好的参数生成音频信号,使用 NumPy 中的正弦函数生成音频信号。为了使音频信号看起来更像一些,使用随机数为音频信号添加一些噪声。接着需要对信号进行归一化和缩放处理。最后将生成的音频信号保存到输出的文件当中。

在本程序中,提取生成音频信号的前 200 个值用于绘图,如上输出所示。假如使用媒体播放器播放 generated_audio.wav 文件,会发现它是一个由 784Hz 的音频频率和噪声混合而成的音频信号。

 ## 5.5　提取语音特征

之前学习了如何把时域信号转换为频域信号,在语音识别系统中,频域特征被广泛应用,但是要知道真实世界的频域特征更加复杂。一旦把一个信号转换为频域,需要确保它可以以特征向量的形式供我们使用。这就涉及 Mel Frequency Cepstral Coefficients(MFCC)了。MFCC 是一种工具,用于从给定音频信号中提取频域特征。

MFCC:Mel 频率倒谱系数的缩写。基于人耳听觉特性提出 Mel 频率,它与赫兹(Hz)频率为非线性对应的关系。MFCC 是计算 MFCC 与赫兹(Hz)频率之间的非线性关系,得到的赫兹(Hz)频谱特征,使 MFCC 频率提高,精度下降。语音识别领域中,MFCC 已经被广泛应用,通常在应用中,我们只使用低频 MFCC,丢弃中高频 MFCC。

在 Mel 标度频率域中,提取出倒谱参数 MFCC。其中 Mel 频率描述的是人耳频率的非线性特性,它与频率的关系可用下式近似表示:

$$\text{Mel}(f)=2595\times\lg(1+f/700)$$

式中 f 为频率,单位为 Hz。图 5-8 展示了 Mel 频率与线性频率的关系。

提取语音特征参数 MFCC 主要涉及以下流程,如图 5-9 所示。

(1)预加重。实质是将语音通过一个高通滤波器,目的是提升高频的部分,可以让信号频谱保持在低频到高频的整个频带中,变得平坦,从而能够用同样的信噪比求频谱。

(2)分帧。为方便分析语音,可以将语音采取分段。首先把 N(通常 N 的值为 256 或

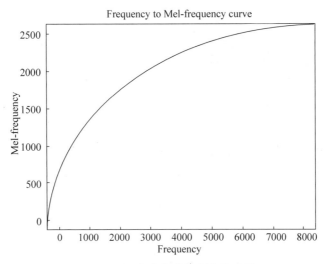

图 5-8　Mel 频率与线性频率关系图

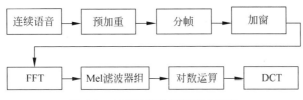

图 5-9　MFCC 参数提取基本流程

512,其中涵盖的时间为 $20\sim30\mathrm{ms}$)个采样点集合成一个观测单位,称为"帧"。

（3）加窗。在长范围内,语音是不断发生变化的,如果没有固定的特性,就无法进行处理。因此,把每一帧代入窗函数(通常窗外的值设定为 0),目的是消除信号不连续性,因为各个帧两端可能会造成的不连续性。常用的窗函数有汉明窗(由于窗函数的频域特性,因此通常采用汉明窗)、方窗和汉宁窗等。

（4）FFT。由于信号在时域不断变化,因此很难看出信号的特性,所以把它转换为频域上的能量分布方便观察。不同语音的特性有着不同的能量分布。所以在以上汉明窗后,每帧还必须得到在频谱上的能量分布,可使用 FFT 变换得到。再对分帧加窗后的各帧信号用同样的方式以得到各帧的频谱。

（5）Mel 滤波器组。将频谱通过一组 Mel 尺度的三角形滤波器组。这么做的目的是平滑化频谱,消除谐波,使原先语音的共振峰更加突显。

（6）对数运算。

（7）DCT 离散余弦变换。经 DCT 得到 MFCC 系数。

在本节中,将使用一个名为 python_speech_features 的 Python 库来提取 MFCC 特征,该库为语音识别技术提供常见的语音功能,包括 MFCC 和滤波器组。可以使用 pip 命令安装它。接下来介绍如何提取语音特征。

程序 5.4　提取语音特征

```
1:    import numpy as np
2:    import matplotlib.pyplot as plt
```

```
 3:    from scipy.io import wavfile
 4:    from python_speech_features import mfcc, logfbank
 5:
 6:    sampling_freq, signal = wavfile.read('random_sound.wav')
 7:    signal = signal[:10000]
 8:
 9:    features_mfcc = mfcc(signal, sampling_freq)
10:
11:    print('\nMFCC:\nNumber of windows = ', features_mfcc.shape[0])
12:    print('Length of each feature = ', features_mfcc.shape[1])
13:
14:    features_mfcc = features_mfcc.T
15:    plt.matshow(features_mfcc)
16:    plt.title('MFCC')
17:
18:    features_fb = logfbank(signal, sampling_freq)
19:
20:    print('\nFilter bank:\nNumber of windows = ', features_fb.shape[0])
21:    print('Length of each feature = ', features_fb.shape[1])
22:
23:    features_fb = features_fb.T
24:    plt.matshow(features_fb)
25:    plt.title('Filter bank')
26:    plt.show()
```

输出:

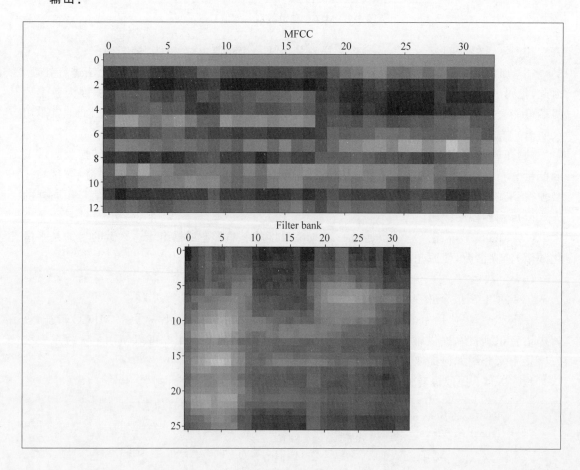

分析：首先，需要从 python_speech_features 库中导入 mfcc() 和 logfbank() 这两个函数。读取输入音频文件，提取音频信号的前 10 000 个值用于分析。接着使用 python_speech_features 库中的 mfcc() 方法提取出 MFCC 特征并打印其参数。再使用 logfbank() 方法提取出滤波器组特征，打印其参数并在终端输出。

上面第一幅图显示了 MFCC 特征，第二幅图显示了滤波器组特征。

提示：

> python_speech_features 库为语音识别技术提供常见的语音功能，包括 MFCC 和滤波器组。如果想了解更多，请参考 http://python-speech-features.readthedocs.org/en/latest。

5.6 构建语音识别系统——识别口语词汇

19 语音处理 3

前面已经学习了分析语音信号的相关技术，现在介绍如何识别口语词汇。语音识别系统以音频信号为输入，识别正在说话的单词。在本节中，将使用隐马尔可夫模型（HMM）来完成这项任务。

首先了解什么是马尔可夫链（Markov chain）。马尔可夫链是因安德烈·马尔可夫（A. A. Markov，1856—1922）而得名。马尔可夫链指数学中具有马尔可夫性质的离散事件随机过程。一个 n 阶的模型是指每个状态的转移会依赖于之前的 n 个状态的过程，n 是影响转移状态的数目。最简单的马尔可夫过程是一阶过程，每一个状态的转移只依赖于其之前的那一个状态。用数学表达式表示就是：

$$P(X_{n+1}=x \mid X_0=x_0, X_1=x_1, \cdots, X_n=x_n)=P(X_{n+1}=x \mid X_n=x_n)$$

系统根据概率分布，在马尔可夫链的每一步都可以从一个状态变到另一个状态，也可以保持当前状态。其中转移指的是状态的转变过程，转移概率是与不同的状态改变相关的概率。

HMM 与时序相关，HMM 在马尔可夫链的基础上增加了观测事件（observed events），即把马尔可夫链原本可见的状态序列隐藏起来，通过一个可观测的显层来推断隐层的状态信息，如图 5-10 所示。其中，隐层映射到显层通过发射概率（emission probability）或观测概率（observation probability）来计算，隐层状态之间的转移通过转移概率（transition probability）获得。

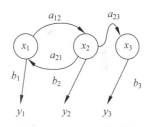

图 5-10 HMM 状态图

图 5-10 中，x 表示隐含状态，y 表示观察的输出，a 表示转换概率，b 表示输出概率。

举一个经典的例子：一个东京的朋友会每天根据天气（{下雨，天晴}）来决定当天进行哪项活动（{公园散步，购物，清理房间}）。每天能看到她发的推特，描述说："啊，我前天在公园散步，昨天去超市购物，今天清理房间了！"，那么可以推断东京这三天的天气。这个例子里，显状态是活动，隐状态是天气。

HMM 非常擅长分析时序数据。音频信号是一种时间序列信号（单位是时间），是关于时序的一种数据表现形式。假设输出是由经过一系列隐藏状态的系统生成的。我们的目标是找出这些隐藏状态是什么，这样就能识别语音信号中的单词。将使用一个名为 hmmlearn 的软件包来构建语音识别系统。

为训练语音识别系统,需要为每个单词建立一个音频文件集。在代码包中提供了一个名为 data 的文件夹方便使用,其中包含所有音频文件集。这个数据集中包含七个不同的单词。每个单词都有一个相关联的文件夹,其中每个文件夹有 15 个音频文件。在每个文件夹中都使用前 14 个音频文件进行训练,最后一个用于测试。注意,这实际上是一个非常小的数据集,可以使用更大的数据集来构建自己的语音识别系统。

接下来将继续为每一个单词构建一个 HMM。把所有这些模型都存储起来作为参考。当想要识别未知音频文件中的单词时,遍历所有这些模型并选择匹配度最高的那个单词。

下面介绍如何构建一个可以识别口语词汇的语音识别系统。

程序 5.5　构建语音识别系统——识别口语词汇

```
 1:   import os
 2:   import argparse
 3:   import warnings
 4:   import numpy as np
 5:   from scipy.io import wavfile
 6:   from hmmlearn import hmm
 7:   from python_speech_features import mfcc
 8:
 9:   def build_arg_parser():
10:       parser = argparse.ArgumentParser(description = 'Trains the HMM-based
11:           speech recognition system')
12:       parser.add_argument("--input-folder", dest = "input_folder",
13:                   required = True, help = "Input folder containing the audio
14:           files  for training")
15:       return parser
16:
17:   class ModelHMM(object):
18:       def __init__(self, num_components = 4, num_iter = 1000):
19:           self.n_components = num_components
20:           self.n_iter = num_iter
21:           self.cov_type = 'diag'
22:           self.model_name = 'GaussianHMM'
23:           self.models = []
24:           self.model = hmm.GaussianHMM(n_components = self.n_components,
25:                   covariance_type = self.cov_type, n_iter = self.n_iter)
26:
27:       def train(self, training_data):
28:           np.seterr(all = 'ignore')
29:           cur_model = self.model.fit(training_data)
30:           self.models.append(cur_model)
31:
32:       def compute_score(self, input_data):
33:           return self.model.score(input_data)
34:
35:   def build_models(input_folder):
36:       speech_models = []
```

```
37:
38:     for dirname in os.listdir(input_folder):
39:         subfolder = os.path.join(input_folder, dirname)
40:         if not os.path.isdir(subfolder):
41:             continue
42:
43:         label = subfolder[subfolder.rfind('/') + 1:]
44:         X = np.array([])
45:
46:         training_files = [x for x in os.listdir(subfolder) if
47:                           x.endswith('.wav')][:-1]
48:
49:         for filename in training_files:
50:             filepath = os.path.join(subfolder, filename)
51:             sampling_freq, signal = wavfile.read(filepath)
52:             with warnings.catch_warnings():
53:                 warnings.simplefilter('ignore')
54:                 features_mfcc = mfcc(signal, sampling_freq)
55:
56:             if len(X) == 0:
57:                 X = features_mfcc
58:             else:
59:                 X = np.append(X, features_mfcc, axis=0)
60:
61:         model = ModelHMM()
62:         model.train(X)
63:         speech_models.append((model, label))
64:         model = None
65:
66:     return speech_models
67:
68: def run_tests(test_files):
69:     for test_file in test_files:
70:         sampling_freq, signal = wavfile.read(test_file)
71:         with warnings.catch_warnings():
72:             warnings.simplefilter('ignore')
73:             features_mfcc = mfcc(signal, sampling_freq)
74:
75:         max_score = -float('inf')
76:         output_label = None
77:
78:         for item in speech_models:
79:             model, label = item
80:             score = model.compute_score(features_mfcc)
81:             if score > max_score:
82:                 max_score = score
83:                 predicted_label = label
84:
85:         start_index = test_file.find('/') + 1
86:         end_index = test_file.rfind('/') - 3
```

```
87:            original_label = test_file[start_index:end_index]
88:            print('\nOriginal: ', original_label)
89:            print('Predicted:', predicted_label)
90:
91:    if __name__ == '__main__':
92:        args = build_arg_parser().parse_args()
93:        input_folder = args.input_folder
94:
95:        speech_models = build_models(input_folder)
96:
97:        test_files = []
98:        for root, dirs, files in os.walk(input_folder):
99:            for filename in (x for x in files if '15' in x):
100:                filepath = os.path.join(root, filename)
101:                test_files.append(filepath)
102:
103:        run_tests(test_files)
```

输出:

```
Original:  data\apple\apple15
Predicted: data\apple

Original:  data\banana\banana15
Predicted: data\banana

Original:  data\kiwi\kiwi15
Predicted: data\kiwi

Original:  data\lime\lime15
Predicted: data\lime

Original:  data\orange\orange15
Predicted: data\orange

Original:  data\peach\peach15
Predicted: data\peach

Original:  data\pineapple\pineapple15
Predicted: data\pineapple
```

分析: 首先导入相关依赖库,hmmlearn 实现了三种 HMM 类,按照观测状态是连续状态还是离散状态,可以分为两类。GaussianHMM 和 GMMHMM 是连续观测状态的模型,而 MultinomialHMM 是离散观测状态的模型。这里使用 GaussianHMM。

定义一个解析函数 build_arg_parser(),该函数用来指定包含训练语音识别系统所需音频文件的输入文件夹。接着定义一个 HMM 类。在这个类中指定了训练 HMM 所需的一些参数,例如协方差、HMM 类型和用来存储每个单词的模型。再定义一个 train()函数,该函数用来训练 HMM。然后定义一个计算输入数据得分的方法 compute_score(),在该方法中运行 HMM 对输入数据进行推理。

接着定义一个函数 build_models(),为训练数据集中的每个单词建立模型。在这个函数中,先初始化一个模型变量 speech_models 来存储单词模型,然后解析输入目录,获取子文件并从中提取出训练数据;然后初始化一个变量 x 以存储训练数据,再创建一个用于训练的文件列表 training_files，将为每个文件夹保留一个文件用于测试。之后遍历训练文件并构建模型。提取当前文件路径，从当前文件中读取音频信号，提取出 MFCC 特征，并将其追加到变量 x 中。再创建一个 HMM，使用之前得到的训练数据训练该模型，然后将模型保存为当前单词。把模型置为空，继续下一次训练。最后返回单词模型。

训练函数完成之后，再定义一个测试函数 run_tests() 来运行测试数据集上的测试。首先从输入文件中得到测试数据，提取出 MFCC 特征。然后定义变量来存储最大得分和输出标签。在所有 HMM 中运行当前 MFCC 特征，并选择得分最高的模型。最后打印出预测的输出。

在程序的 main() 函数中，根据输入参数获取输入文件夹。然后为输入文件夹中的每个单词建立一个 HMM。在每个文件夹中留了一个文件用于测试。最后运行测试函数 run_tests() 来查看模型的准确性。

如果要运行该代码，在终端中切换到该文件所在的目录下，执行以下命令：

```
python speech_recognizer.py --input-folder data
```

执行完之后，输出与书中显示一致。Original 显示的是测试使用的文件，正好是每个单词文件夹中对应的最后一个文件。Predicted 是预测输出。正如所看到的，语音识别系统正确地识别了所有的单词。

5.7　小结

本章学习了语音识别相关技术。首先讨论了如何处理语音信号及相关概念。接着介绍语音信号可视化，并通过快速傅里叶变换将其从时域变换为频域，还使用一些预定义的参数来生成语音信号。最后讨论了 MFCC 特征提取和 HMM，并用这些知识构建了一个可以识别口语单词的语音识别系统。

习题

1. 列举几个语音识别技术的应用领域。
2. 简单概述语音识别技术的原理。
3. 实现将音频信号从时域转换为频域。
4. 项目开发：基于 DeepSpeech2 开发英语语音识别系统。

（1）数据使用：LibriSpeech ASR corpus (http://www.openslr.org/12/)。包含 1000 小时 16kHz 的英文语音。

（2）语料库使用(包 pysoundfile)。

（3）特征工程（Mel-frequency cepstral coefficient （MFFCs））。提示：from python_speech_features import mfcc

（4）DS2 训练体系。该体系结构由多层递归连接、卷积滤波器和非线性以及应用于 RNN 的特定规范化实例组成。

（5）训练模型。

（6）测试和评估模型。

第 5 章
第 4 题
解析

第 6 章

计算机视觉

本章主要介绍计算机视觉相关知识。首先介绍什么是计算机视觉,接着讲解如何安装流行的计算机视觉库——OpenCV。同时还介绍帧间差分法检测视频中的移动部分。接着讲解如何使用色彩空间和背景差分法来跟踪对象,使用 CAMShift 算法来构建一个目标跟踪器,并讲解光流的基本知识。最后讲解人脸检测的相关概念,构造一个人脸检测和跟踪器。

学完本章后,你将会了解:

- 什么是计算机视觉。
- OpenCV 简介。
- 视频中移动物体检测方法。
- 使用 CAMShift 算法构建目标跟踪器。
- 基于光流的跟踪。
- Haar 级联和积分图。
- 人脸检测和跟踪。

20 视觉
处理 1

6.1　什么是计算机视觉

《钢铁侠》的主角贾维斯是一个人工智能管家,他具有很高的智能,可以帮助主角斯托克处

图 6-1　钢铁侠

理各种事情,如设计图纸、组装完成钢铁侠等,如图 6-1 所示。在《钢铁侠》中有一个小细节,钢铁侠初次飞行,他的人工智能系统在头盔中显示出了道路上的车辆信息,包括车辆的品牌、车中的人物等。虽然是电影中的情节,但很有趣的是,这确实就是人工智能中计算机视觉的应用,而且这也不再是科幻,现今计算机视觉技术发展的程度已经完全可以做到。

计算机视觉是人工智能的一扇大门。对于人们来说,视觉的反馈非常重要,因为人的大脑皮层中 70% 都在处理视觉信息。如果没有视觉,人工智能将会是一个空架子,失去意义。现如今人工智能的一个重要领域就是计算机视觉,它在各种领域发挥着独有且非常重要的作用。

例如,军事上的导弹巡航系统、交通上的道路监控系统、医学上的影像处理、应用在各大企业单位的人脸识别系统以及现在非常热门的 VR(虚拟现实)全息,全都离不开计算机视觉。

随着计算机技术日新月异的发展,2008 年第一部《钢铁侠》上映,人们惊叹于机器人管家的高智能。随着技术的不断深入,到了今天,人工智能管家已经不再是故事中的事物,即便是造不出一个真正的钢铁侠,但是制造处理日常琐事的人工智能管家已经不再是一个梦想。也许到了未来,人工智能管家会像智能手机一样普遍,计算机视觉也将更加广泛地运用到各行各业,这需要我们共同的努力,也许现实版的"钢铁侠"就在你的手中诞生。

本章将学习计算机视觉方面的相关内容,通过一些简单的例子来加深对计算机视觉以及人工智能的理解。

6.2 OpenCV 简介

OpenCV 的全称是 Open Source Computer Vision Library。OpenCV 是开源的,是一个跨平台的计算机视觉库。OpenCV 可以运行在多个操作系统平台上,例如 Windows、Linux 和 Mac。它是高效而且轻量级的系统——由一系列 C 函数、少量 C++构成。OpenCV 也提供多种语言的接口,如 Python、Ruby、MATLAB 等,实现了计算机视觉和图像处理方面的很多通用的算法,非常强大。OpenCV 最初由英特尔公司开发,在 2008 年获得了在当时十分具有影响力的机器人公司——Willow Garage 的支持,不幸的是,作为机器人公司业界传奇的 Willow Garage 于 2014 年破产。OpenCV 于 2012 年被非营利组织 OpenCV.org 接管、维护。

OpenCV 的官方网站是 http://opencv.org,可以在该网站上了解关于 OpenCV 的更多信息。在本章的学习中,会用到 OpenCV 软件库。所以在学习本章内容之前,请确保已安装了它。下面是在各种操作系统上使用 Python 3 安装 OpenCV 3 的链接。

Windows 系统为 https://solarianprogrammer.com/2016/09/17/install-opencv-3-with-python-3-on-windows。

Ubuntu 系统为 http://www.pyimagesearch.com/2015/07/20/install-opencv-3-0-and-python-3-4-on-ubuntu。

Mac 系统为 http://www.pyimagesearch.com/2015/06/29/install-opencv-3-0-and-python-3-4-on-osx。

6.3 视频中移动物体检测方法

21 视觉
处理 2

6.3.1 帧间差分法

帧间差分法简称"帧差法",是可用于识别视频中移动部分的最简单技术之一。查看实时视频流时,从流中捕获的连续帧之间的差异会提供大量信息。

当要检测固定摄像头下的运动物体时,就可以使用到帧间差分法检测。帧间差分法获得运动目标轮廓的方法是:通过对视频图像序列中相邻的两帧做差分运算,当监控视频出现异常情况时,帧与帧之间就会出现明显的不同,将两帧相减便得到两帧的亮度差,判断这个差值是否大于阈值(临界值,一个效应能够产生的最低值或最高值),进而分析视频的运动特性。可以根据这个方法判断视频中物体是否有运动。

帧间差分法的算法较为简单,复杂度低,能够适应各种动态的环境,如图 6-2 所示。帧间差分法的不足之处是只能提取出物体的边界,不能提取出运动对象的完整区域。若是物体运动速度很快,需要选择时间间隔较小的两帧,这个运动的物体容易被检测为两个运动的物体。若是物体运动速度较慢,则需要选择时间间隔较大的两帧,以免前后两帧差值几乎为零,检测不到目标。

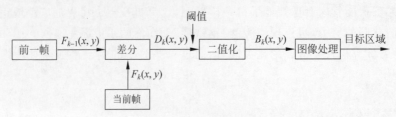

图 6-2　帧间差分法

在实际生活中,最常见的利用帧间差分法的例子就是道路上的车辆监控系统。道路上的摄像头对道路进行拍摄,道路、建筑以及路两旁的花草树木是不会移动的,需要车辆监控系统先捕捉道路上移动的车辆,然后才能进行后面的车牌识别以及车速计算等操作。接下来利用一段道路上的车辆视频来进行帧间差分法的实验。

程序 6.1　帧间差分法

```
 1:    import cv2
 2:
 3:    def frame_diff(prev_frame, cur_frame, next_frame):
 4:        diff_frames_1 = cv2.absdiff(next_frame, cur_frame)
 5:        diff_frames_2 = cv2.absdiff(cur_frame, prev_frame)
 6:        return cv2.bitwise_and(diff_frames_1, diff_frames_2)
 7:
 8:    def get_frame(cap, scaling_factor):
 9:        _, frame = cap.read()
10:        frame = cv2.resize(frame, None, fx = scaling_factor,
11:                          fy = scaling_factor, interpolation = cv2.INTER_AREA)
12:        gray = cv2.cvtColor(frame, cv2.COLOR_RGB2GRAY)
13:        return gray
14:
15:    if __name__ == '__main__':
16:        cap = cv2.VideoCapture('road.mp4')
17:        scaling_factor = 0.4
18:
19:        prev_frame = get_frame(cap, scaling_factor)
20:        cur_frame = get_frame(cap, scaling_factor)
21:        next_frame = get_frame(cap, scaling_factor)
22:
23:        while True:
24:            cv2.imshow('Output', frame_diff(prev_frame,
25:                                  cur_frame, next_frame))
26:            prev_frame = cur_frame
27:            cur_frame = next_frame
```

```
28:            next_frame = get_frame(cap, scaling_factor)
29:
30:            key = cv2.waitKey(10)
31:            if key = = 27:
32:                break
33:
34:        cv2.destroyAllWindows()
```

输出：

分析：在该程序中，首先导入 OpenCV 软件库 cv2，接着定义了两个函数 frame_diff() 和 get_frame()。frame_diff() 函数接收三个参数，分别是前一帧、当前帧和下一帧。这个函数用来计算相邻帧之间的差值。absdiff() 函数是将两幅图像的差的绝对值输出到另一图像上，bitwise_and() 函数是将输入参数做二进制与运算。get_frame() 函数的作用是获取当前帧，它接收两个参数：第一个参数是视频捕获对象，用来获取视频；第二个参数是比例因子，用来设置帧的大小。使用 read() 方法获取当前帧，并使用 resize() 方法重置帧的大小。cvtColor() 将输出的图像转换为灰度图，cvtColor() 的参数 COLOR_RGB2GRAY 就是将 RGB 图像转换为灰度图，最后将其返回。

接下来定义主函数，并加载要进行测试的视频素材。把比例因子设置为 0.4，以便使它适合屏幕的大小。然后抓取前一帧、当前帧和下一帧，抓取成功之后，使用 frame_diff() 函数计算它们之间的差值，并使用 cv2 中的 imshow() 函数显示输出。最后对这些帧进行更新。如果想要退出程序，就要使用 waitKey() 函数。waitKey() 函数是等待用户的按键操作，参数是等待时间（ms），27 是 Esc 键的 ASCII 码值，即按 Esc 键就可以退出程序。退出程序后，使用 destroyAllWindows() 函数来确保所有窗口都是正确关闭的。在程序的输出中，显示了使用帧间差分法捕获的图像，它能够简单地捕获到移动物体的轮廓。

提示：

在程序中，OpenCV 中 VideoCapture() 函数的参数不仅可以是文件名，当参数为 int 型数时，代表打开视频捕捉设备，计算机连接的摄像头默认为参数 0。在这个例子中，如果打开摄像头，则捕捉坐在屏幕前的自己，试想将会是什么样子呢？自己动手试一试吧！

6.3.2 使用色彩空间跟踪对象

通过帧间差分法获得的信息非常有用,但无法使用它构建健壮的跟踪器。它对噪声非常敏感,而且它不能完全跟踪一个物体。要构建一个健壮的对象跟踪器,需要知道对象的哪些特征可以被用来准确地跟踪它,这就涉及色彩空间。

颜色通常被三个独立属性综合描述,构成一个空间坐标——色彩空间。颜色对象本身是客观的,从不同的角度去衡量同一个对象会描述成不同色彩空间。按照基本结构,色彩空间可以分为基色色彩空间和色、亮分离色彩空间。前者典型的是 RGB,后者包括 YUV 和 HSV 等。

一个图像可以用不同的色彩空间来表示。RGB 色彩空间虽然是最流行的色彩空间,但它对于对象跟踪等应用程序却不能很好地应用,所以将使用 HSV 色彩空间。HSV 是一种直观的色彩空间模型,接近人们对于颜色的认知。可以将捕获的帧进行转换,即从 RGB 色彩空间转换为 HSV 色彩空间,再用颜色阈值来跟踪任何给定的对象。需要知道对象的颜色分布,以便可以为阈值选择合适的范围。由于本节的重点是目标的检测和跟踪,这里就不对颜色模型做过多的介绍,感兴趣的读者可以自己去网上搜索不同色彩空间之间的区别。

提示:

> RGB 是工业界的一种颜色标准,是通过对红(R)、绿(G)、蓝(B)三个颜色通道的变化以及它们相互之间的叠加来得到各式各样的颜色的。RGB 即是代表红、绿、蓝三个通道的颜色。这个标准几乎包括了人类视力所能感知的所有颜色,是目前运用最广的颜色系统之一。

HSV(Hue,Saturation,Value)是根据颜色的直观特性由 A. R. Smith 在 1978 年创建的一种颜色空间,也称六角锥体模型(hexcone model)。这个模型中颜色的参数分别是色调(H)、饱和度(S)和明度(V)。

利用帧间差分法我们可以获得移动物体的大致信息,但是帧间差分法的性能并不稳定,易受光照、色彩等因素的影响,导致模型的健壮性并不好。例如像 6.3.1 节的程序输出的图像中显示的那样,只能简单地看到大概车辆的轮廓而且并不是很清晰。所以本节将学习使用色彩空间进行物体跟踪。

程序 6.2 使用色彩空间捕捉物体

```
1:    import cv2
2:    import numpy as np
3:
4:    def get_frame(cap, scaling_factor):
5:        _, frame = cap.read()
6:        frame = cv2.resize(frame, None, fx = scaling_factor,
7:                       fy = scaling_factor, interpolation = cv2.INTER_AREA)
8:        return frame
9:
10:   if __name__ = = '__main__':
11:       cap = cv2.VideoCapture('road.mp4')
12:       scaling_factor = 0.25
13:
```

```
14:        while True:
15:            frame = get_frame(cap, scaling_factor)
16:            hsv = cv2.cvtColor(frame, cv2.COLOR_BGR2HSV)
17:            lower = np.array([0, 40, 40])
18:            upper = np.array([150, 255, 255])
19:            mask = cv2.inRange(hsv, lower, upper)
20:            img_bitwise_and = cv2.bitwise_and(frame, frame, mask = mask)
21:            img_median_blurred = cv2.medianBlur(img_bitwise_and, 5)
22:
23:            cv2.imshow('Input', frame)
24:            cv2.imshow('Output', img_median_blurred)
25:
26:            c = cv2.waitKey(5)
27:            if c = = 27:
28:                break
29:
30:        cv2.destroyAllWindows()
```

输出：

　　分析：在该程序中先定义一个获取当前帧的函数。与程序6.1不同的是并没有将输出图像转换为灰度图，而是直接返回当前帧。这是因为本节中不使用灰度图，而是使用HSV颜色模型。

　　在程序的主函数中，加载所需要的视频并设置比例因子的大小。在循环中，获取当前帧，并使用cvtColor()函数将其转换为HSV图，参数COLOR_BGR2HSV是将RGB图转换为HSV图。之后限定两组数值对图像的颜色范围，得到mask（掩膜），就是图像中的感兴趣区域，inRange()函数将感兴趣区域外的图像值都设置为0。接着将掩膜与当前帧进行二进制与运算，获取需要的图像。后面使用中值滤波函数medianBlur()，该函数用来消除图像噪声，平滑图像边缘。这个函数有三个参数，分别是输入图像、输出图像以及滤波模板的尺寸大小，这个尺寸必须是大于1的奇数。最后显示捕获的帧和输出的帧。第一幅截图显示的是捕获的帧，第二幅截图显示的是该帧所表示的经过平滑处理后的掩膜形式。

6.3.3　使用背景差分法跟踪对象

　　背景差分法是一种在视频中模拟背景的技术，使用该模型可以用来检测移动的物体。这种技术有很多用途，例如视频压缩和视频监控。它在静态场景中检测移动物体的地方表现得非常好。该算法主要通过检测背景,为其建立模型,然后从当前帧中减去它来获得前景。这个前景就相当于移动的物体。

这里的主要步骤之一是建立一个背景模型。背景差分法如图 6-3 所示。它与帧间差分法不同,因为这里不区分连续的帧。实际上是在对背景进行建模,并实时更新它,这使得它成为一种可以适应移动基线的自适应算法。这就是为什么它比帧间差分法更好。

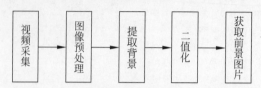

图 6-3　背景差分法

当使用背景差分法检测运动目标时,背景图像的建模和模拟的准确程度都会影响检测的效果。无论使用什么算法检测运动目标,都需要尽可能地满足任何图像场景处理的要求。复杂的场景不可预知以及存在着各种环境的干扰和噪声,例如突然变化的光照、实际背景图像中出现摄像机抖动、波动的物体、运动物体进出场景对原场景的影响等,这些都会使得背景的建模和模拟更加困难。

背景差分法检测运动目标的关键是背景图像的获取,其具有的优点是速度快、易于实现、检测准确。实际应用中的静止背景不容易直接获得,由于背景图像的动态变化,我们需要背景重建,就是通过视频序列的帧间信息来估计和恢复背景,所以需要选择性地更新背景。下面继续使用之前的道路视频进行分析,看一下背景差分法是如何跟踪物体的。

程序 6.3　背景差分法跟踪物体

```
1:    import cv2
2:    import numpy as np
3:
4:    def get_frame(cap, scaling_factor):
5:        _, frame = cap.read()
6:        frame = cv2.resize(frame, None, fx = scaling_factor,
7:                           fy = scaling_factor, interpolation = cv2.INTER_AREA)
8:        return frame
9:
10:   if __name__ = = '__main__':
11:       cap = cv2.VideoCapture('road.mp4')
12:       bg_subtractor = cv2.createBackgroundSubtractorMOG2()
13:       history = 100
14:       learning_rate = 1.0 / history
15:
16:       while True:
17:           frame = get_frame(cap, 0.25)
18:           mask = bg_subtractor.apply(frame, learningRate = learning_rate)
19:           mask = cv2.cvtColor(mask, cv2.COLOR_GRAY2BGR)
20:           cv2.imshow('Input', frame)
21:           cv2.imshow('Output', mask & frame)
22:           c = cv2.waitKey(10)
```

```
23:        if c = = 27:
24:            break
25:
26:     cv2.destroyAllWindows()
```

输出：

分析：该程序和程序 6.2 相似，不同之处是这里应用了一个背景建模中的经典算法——混合高斯分布（GMM），OpenCV 将 GMM 封装成 createBackgroundSubtractorMOG2()方法，利用 createBackgroundSubtractorMOG2()完成了背景建模。BackgroundSubtractorMOG2()是背景/前景分割算法，它是以高斯混合模型作为基础的算法，以 2004 年和 2006 年 Z. Zivkovic 的两篇文章为基础的。该算法为每一像素都选择一个合适数目的高斯分布，更好地适应由于亮度等引起的场景变化。

提示：

混合高斯模型使用 K（基本为 3～5）个高斯模型来表征图像中各个像素点的特征，在新一帧图像获得后更新混合高斯模型，用当前图像中的每个像素点与混合高斯模型匹配，如果成功，则判定该点为背景点，否则判定该点为前景点。观察整个高斯模型，它主要由方差和均值两个参数决定。对均值和方差采取不同的学习机制，将直接影响模型的稳定性、精确性和收敛性。

接着定义了 history 参数和 learning_rate 参数，history 代表用来训练背景的帧的数目，learning_rate 代表学习率。history 参数与 learning_rate 之间相互影响，history 越大，学习率越低。当捕获到当前帧时，使用 apply()函数进行运动检测，得到的掩膜 mask 是灰度图，再将其转换为 RGB 图，此时 cvtColor()的参数是 GRAY2BGR。最后显示捕获的帧和输出帧。

在这个程序中，可以看到只有移动的物体才可以捕捉到轮廓。如果画面静止不动，就会被视为背景，那样将捕捉不到任何东西。背景差分法比帧间差分法和 HSV 颜色跟踪都要更加清晰并且直接。

6.4 使用 CAMShift 算法构建目标跟踪器

基于色彩空间的跟踪可以实现跟踪彩色的物体，首先要定义颜色。下面看看如何在实时

22 视觉
处理 3

视频中选择一个对象,然后让跟踪器跟踪它,这使用到 CAMShift 算法,它的全称是 Continuously Adaptive Mean Shift,是一种连续自适应均值偏移算法。

为了理解 CAMShift,首先需要知道 Mean Shift 是如何工作的,了解并且考虑给定帧中感兴趣的区域,并选择这个区域,因为它包含了感兴趣的物体。想跟踪这个物体,所以在它周围绘制了一个粗糙的边界,这就是"感兴趣区域"所指的,希望对象跟踪器能够跟踪这个物体在视频中移动的过程。

为了做到这一点,首先依据该区域的颜色直方图选择一组点并计算质心。如果该质心的位置在该区域的几何中心,那么可以知道该物体没有移动。但是如果质心的位置不在该区域的几何中心,那么就知道该物体已经移动。这意味着也需要移动封闭边界。质心的移动直接指示物体的移动方向。这样需要移动边界框,以便新的质心成为此边界框的几何中心。继续为每一帧进行此操作,并实时跟踪对象。因此这种算法被称为 Mean Shift,因为平均值(即质心)不断移动,我们使用它跟踪对象。

提示:

> Mean Shift(均值偏移,也叫均值漂移或均值平移)这个概念最早是由 Fukunaga 等人于 1975 年在 *The estimation of the gradient of a density function with application in pattern recognitioin* 这篇关于概率密度梯度函数的估计中提出来的,其最初含义正如其名,就是偏移的均值向量。但随着 Mean Shift 理论的发展,Mean Shift 的含义也发生了变化。其在聚类、图像平滑、图像切割和跟踪方面得到了比较广泛的应用。

Mean Shift 算法是一个迭代的步骤,首先计算出当前点的偏移均值,然后开始移动该点直到偏移均值,接着偏移均值作为新的起始点继续移动这样的迭代过程,直到满足条件结束。

这与 CAMShift 有什么关联呢? Mean Shift 的一个问题是不允许随着时间的推移而改变目标的大小。一旦我们画出一个边界框,无论对象离摄像机有多近或多远,这个边界框都会保持不变,这就是为什么需要使用 CAMShift,因为它可以使边界框的大小适应对象的大小。

CAMShift 算法的思想是,对视频序列的所有图像帧做 Mean Shift 运算,下一帧 Mean Shift 算法的搜索窗口的初始值是上一帧的结果(即搜索窗口的中心位置和窗口大小),这样进行迭代。Mean Shift 就是针对单张图片寻找最优的迭代结果,对应的 CAMShift 则是处理视频序列,并对每一帧图片都调用 Mean Shift 来寻找最优迭代结果。由于 CAMShift 处理单位是一个视频序列,因此保证其可以不断地调整窗口大小,当目标的大小变化时,CAMShift 算法就可以自适应地调整目标区域以保证继续跟踪。

为了更好地理解 CAMShift 算法,下面编写一段程序来实现它,看看它是如何工作的。

程序 6.4 使用 CAMShift 算法进行目标跟踪

```
1:    import cv2
2:    import numpy as np
3:
4:    cap = cv2.VideoCapture('face.mp4')
5:    _, frame = cap.read()
6:    hsv_roi = cv2.cvtColor(frame, cv2.COLOR_BGR2HSV)
7:    mask = cv2.inRange(hsv_roi, np.array((0., 60., 32.)),
8:                          np.array((180., 255., 255.)))
```

```
 9:
10:    x0, y0, x1, y1 = 200, 100, 300, 400
11:    track_window = (x0, y0, x1, y1)
12:    roi = frame[y0:y0 + y1, x0:x0 + x1]
13:    hist = cv2.calcHist([hsv_roi], [0], mask, [180], [0, 180])
14:    cv2.normalize(hist, hist, 0, 255, cv2.NORM_MINMAX)
15:    term_crit = (cv2.TERM_CRITERIA_EPS | cv2.TERM_CRITERIA_COUNT, 10, 1)
16:
17:    while True:
18:        _, frame = cap.read()
19:        scaling_factor = 0.5
20:        frame = cv2.resize(frame, None, fx = scaling_factor, fy = scaling_factor,
21:                                          interpolation = cv2.INTER_AREA)
22:        hsv = cv2.cvtColor(frame, cv2.COLOR_BGR2HSV)
23:        dst = cv2.calcBackProject([hsv], [0], hist, [0, 180], 1)
24:        ret, track_window = cv2.CamShift(dst, track_window, term_crit)
25:        pts = cv2.boxPoints(ret)
26:        pts = np.int0(pts)
27:        img = cv2.polylines(frame, [pts], True,(0, 255, 0), 2)
28:        cv2.imshow('Output', img)
29:
30:        key = cv2.waitKey(5)
31:        if key = = 27:
32:            break
33:
34:    cap.release()
35:    cv2.destroyAllWindows()
```

输出：

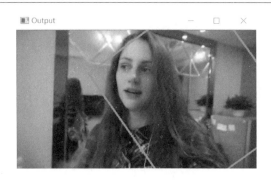

分析：在该程序中，首先加载视频文件，并捕获当前帧，把该帧转换为 HSV 图，限定颜色的取值范围，得到掩膜 mask。其次设置初始窗口的大小和位置，并定义要跟踪的区域 roi。程序第 13、14 行是使用 calcHist()函数计算图像的直方图并将其进行归一化处理，以便使计算机能够更好地理解这些数据。归一化技术是数据预处理的方式之一，这里不做过多的介绍。第 15 行是设置跟踪器的终止条件：迭代 10 次或至少移动 1 次。

在循环中，捕获当前帧，调整它的大小并将其转换为 HSV 图。使用 calcBackProject()方法计算该 HSV 图的反向投影，反向投影的作用是在输入图像中查找特定图像最匹配的点或者区域,也就是定位模板图像出现在输入图像的位置。其次调用 CamShift()方法在反向投影中寻找目标区域并且返回。程序第 25～28 行是将目标区域在图像上绘制出来并显示输出。最后,如果用户按下了 Esc 键,那么就退出循环。退出循环后使用 release()函数释放视频捕捉对象并使用 destroyAllWindows()函数关闭所有窗口。

在程序的输出中会选中移动的目标区域,并实时跟踪目标的移动。

 ## 6.5　基于光流的跟踪

目前,光流(optical flow)法是一种应用于运动图像分析的重要方法之一,它的概念是由 James J. Gibson 于 20 世纪 40 年代首先提出的。它是像素的运动瞬时速度,即空间运动物体在观察平面上的像素运动的瞬时速度,光流利用图像序列中像素在时间域上的变化与相邻帧之间的相关性,从而找到当前帧跟上一帧之间存在的对应关系计算出相邻帧之间物体的运动信息。光流产生的原因是,场景中前景相机的运动、目标本身的移动或者两者的共同运动。

人们在观察运动物体的过程中,物体的景象会在人眼的视网膜上形成持续变化的图像,这些持续变化的图像信息不断“流过”视网膜,好像一种光的“流”,故称之为光流。光流所表达的是图像的变化,其中包含目标运动的信息,因此光流可被人们用来确定目标运动的情况。

在运动的世界里,光流就是人们感受到的视觉运动。例如,坐在火车上往窗外看,当人们看到地面、树、建筑、障碍物时就会感觉往后退,这个运动就是光流。而且会发现,它们的运动速度居然不一样。这就给我们提供了一个挺有意思的信息:人们是可以通过不同目标的运动速度判断物体与我们的距离的。例如,比较远的目标移动速度慢,比较近的物体就比较快地往后退,并且离我们的距离越近,物体后退的速度就会越快。还有一些非常近的物体,例如草地,会在我们耳旁发出“嗖嗖”的声音。

光流不仅能够提供远近信息,还能提供角度信息。人们发现眼睛正视 90°方向运动的物体速度相比于其他角度要快得多;角度小到 0°时,物体就会朝着我们直直地撞过来,人们就感受不到光流,看起来好像是静止的。当它离我们越来越近时,就显得越来越大。

光流是一种非常流行的计算机视觉技术,它使用图像特征点来跟踪对象。实时视频中的连续帧的各个特征点都会被跟踪。当检测给定帧中的一组特征点时,计算位移矢量以跟踪它。在连续帧之间显示这些特征点的运动。这些矢量被称为运动矢量。执行光流的方法有很多,其中 Lucas-Kanade 算法相对来说是最流行的。

提示:

> 在计算机视觉中,Lucas-Kanade 算法是一种两帧差分的光流估计算法,它是由 Bruce D. Lucas 和 Takeo Kanade 提出的。这个算法是最常见、最流行的。它计算两帧在时间 $t \sim t+\delta t$ 每像素位置的移动。由于它是基于图像信号的泰勒级数,这种方法称为差分,就是因为对于空间和时间坐标使用偏导数。
>
> Lucas-Kanade 算法广泛用于图像对齐、光流法、目标跟踪、图像拼接和人脸检测等课题中。

在当前帧中往往第一步是提取特征点。提取出来的每个特征点将会被创建为一个 3×3 的像素(特征点为中心),假设每像素中的所有点都有类似的动作。这个窗口的大小可以根据情况进行调整。

对于每一像素,在前一帧中查找其邻域中的匹配项。根据误差度量选择最佳匹配。搜索区域大于 3×3,因为我们要寻找一堆不同的 3×3 像素来获取最接近当前像素的那一像素。一旦得到了这一像素,从当前像素的中心点到前一帧中匹配的像素的路径就变成了运动矢量。类似地计算所有其他像素的运动矢量。接下来介绍如何使用光流法进行物体跟踪。

程序 6.5　使用光流法进行物体跟踪

```
 1:  import cv2
 2:  import numpy as np
 3:
 4:  feature_params = dict(maxCorners = 100, qualityLevel = 0.3,
 5:                                 minDistance = 7, blockSize = 7)
 6:  lk_params = dict(winSize = (15,15), maxLevel = 2,
 7:          criteria = (cv2.TERM_CRITERIA_EPS | cv2.TERM_CRITERIA_COUNT, 10, 0.03))
 8:
 9:  cap = cv2.VideoCapture('face.mp4')
10:  _, frame = cap.read()
11:  scaling_factor = 0.5
12:  frame = cv2.resize(frame, None, fx = scaling_factor,
13:                          fy = scaling_factor, interpolation = cv2.INTER_AREA)
14:  gray = cv2.cvtColor(frame, cv2.COLOR_BGR2GRAY)
15:  p0 = cv2.goodFeaturesToTrack(gray, mask = None, ** feature_params)
16:  mask = np.zeros_like(frame)
17:
18:  while True:
19:      _, frame = cap.read()
20:      frame = cv2.resize(frame, None, fx = scaling_factor,
21:                          fy = scaling_factor, interpolation = cv2.INTER_AREA)
22:      frame_gray = cv2.cvtColor(frame, cv2.COLOR_BGR2GRAY)
23:
24:      p1, st, err = cv2.calcOpticalFlowPyrLK(gray, frame_gray, p0, None, ** lk_params)
25:      good_new = p1[st == 1]
26:      good_old = p0[st == 1]
27:      for i,(new,old) in enumerate(zip(good_new,good_old)):
28:          a,b = new.ravel()
29:          c,d = old.ravel()
30:          cv2.line(mask, (a, b), (c, d), (0, 150, 0), 1)
31:          cv2.circle(frame, (a, b), 3, (0, 255, 0), -1)
32:
33:      gray = frame_gray.copy()
34:      p0 = good_new.reshape(-1, 1, 2)
35:      img = cv2.add(frame, mask)
36:      cv2.imshow("Output", img)
37:
38:      k = cv2.waitKey(30)
39:      if k == 27:
40:          break
41:
42:  cap.release()
43:  cv2.destroyAllWindows()
```

输出：

分析：在该程序中,首先设置了角点(特征点)检测的参数,如最大角点、质量等级、最小距离和区块大小,这些用来计算良好的特征以便进行跟踪。接着设置光流场的参数,如窗口大小、最大等级和终止标准,其中最大等级为使用图像金字塔(图像金字塔是以多个分辨率表示图像的一种有效且简单的概念,它是分辨率逐层降低的、以金字塔形状排列的图像集合)的层数。其次加载视频,获取到视频的第一帧,调整第一帧的大小并转换为灰度图。goodFeaturesToTrack()函数是寻找好的角点。接着创建一个掩膜 mask 以便后面绘制角点的光流轨迹。

提示：

> 角点检测(corner detection)是计算机视觉系统中用来获得图像特征的一种方法,也称为特征点检测。常用的角点检测算法有 Harris 和 Shi-Tomasi,本节中用的便是 Shi-Tomasi 角点检测算法。
>
> 角点通常被定义为两条边的交点。例如,三角形有三个角,矩形有四个角,这些角的顶点就是角点,也叫作矩形、三角形的特征。上面所说的是严格意义上的角点,但是从广义来说,角点指的是拥有特定特征的图像点,这些特征点在图像中有具体的坐标,并具有某些数学特征(例如局部最大或最小的灰度)。

在循环中首先使用方法 calcOpticalFlowPyrLK()计算光流,该方法通过金字塔光流方法 Lucas-Kanade 计算特征集的光流,获取角点的新位置。其次选取好的角点筛选出旧的角点对应的新的角点,并且绘制角点的轨迹。最后更新当前帧和当前角点的位置,并且显示、输出到屏幕上。copy()函数创建当前帧的一个副本,cv2 中的 add()方法是将两幅图片进行叠加。

在程序的输出中,可以看到屏幕中显示的角点,并且随着画面的移动,角点也会随之移动。

 ## 6.6 Haar 级联和积分图

6.6.1 使用 Haar 级联进行对象检测

Haar 级联是一个级联分类器,它是基于 Haar 特征的级联分类器。那么级联分类器是什么? 级联分类器是一个把弱分类器(性能受限的分类器)串联成强分类器的过程。其中弱分类器没法正确地区分所有事物。如果问题很简单,弱分类结果可接受。另外,分类器能对数据进行正确分类。

建立一个实时系统的前提是需要保证分类器足够简单,运行良好。唯一需要注意的是,简单分类器不能达到足够精确。如果想要试图更加精确,就会运行速度慢且变成计算密集型。在机器学习中,速度和精确度两者之间的取舍是非常常见的。为了解决这一问题,可以通过串联一群弱分类器形成一个统一的强分类器,并且弱分类器不用很精确,串联后形成的强分类器是具有高精确度的。

本节使用 Haar 级联来检测视频中的脸部。Paul Viola 和 Michael Jones 在 2001 年的标志性研究论文中首先提出了这种目标检测方法。在他们的论文中,描述了一种可用于检测任何物体的有效机器学习技术。他们使用简单分类器的增强级联。该级联可以用于构建高精度执行的整体分类器。这是相关的,因为它帮助规避了构建高精度执行的单步分类器的过程。构建这样一个健壮的单步分类器是一个计算密集型的过程。

提示:

> Haar 分类器又称为 Viola-Jones 识别器,是 Viola 和 Jones 分别在 2001 年的 *Rapid Object Detection using a Boosted Cascade of Simple Features* 和 2004 年的 *Robust Real-Time Face Detection* 中提出并改进的。Haar 分类器由 Haar 特征提取、离散强分类器、强分类级联器组成。其核心思想是提取人脸的 Haar 特征,使用积分图像对特征进行快速计算,然后挑选出少量关键特征,送入由强分类器组成的级联分类器进行迭代训练。

例如,必须检测一个物体,例如网球。为了建立一个探测器,需要一个系统来了解网球的样子。它应该能够推断给定的图像是否包含网球。需要使用大量的网球图像来训练这个系统,还需要很多不包含网球的图像。这有助于系统地学习如何区分对象。

下面介绍如何使用它来做人脸检测。为了构建机器学习系统来检测人脸,首先需要构建一个特征提取器。机器学习算法将使用这些特征来理解人脸的样子。这就涉及 Haar 特征。

Haar 特征能够反映图像的灰度变化,是像素分模块求差值的一种特征。它分为四类特征:线性、中心、边缘和对角线。特征模板是使用黑白两种矩形框组合而成的,模板的特征值是用黑色矩形像素之和减去白色矩形像素之和来表示的。例如,能由矩形模块差值特征可以简单描述人们脸部的一些特征:眼睛颜色要深于脸颊,鼻梁两侧颜色要深于鼻梁,嘴巴颜色要深于周围,等等。另外,矩形特征只对一些简单的图形结构较敏感,例如线段、边缘,所以矩形特征只能描述在特定的方向(例如垂直、水平、对角)上图像结构要有明显的像素模块梯度变化。

Lienhart R 等对 Haar 特征库进一步扩展分为四种类型:线性特征、边缘特征、中心环绕特征和对角线特征,如图 6-4 所示。

其特征提取就是不断通过改变模板的位置、大小和类型,白色矩形区域像素和减去黑色矩形区域像素和,从而得到每种类型模板的大量子特征。不少国内外研究者都对 Haar 特征的矩形特征库进行了扩展,目的是找到最佳的特征模板。

一旦特征被提取出来,就将它们传递给简单分类器的增强级联,图 6-5 所示。检查图像中的各种矩形子区域,并不断丢弃不包含人脸的区域。这有助于快速得出最终答案。为了快速计算这些特征,使用了一种称为积分图像的概念。

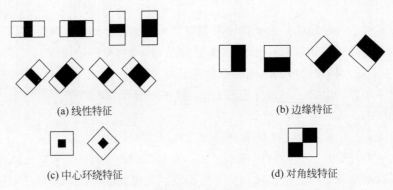

(a) 线性特征

(b) 边缘特征

(c) 中心环绕特征

(d) 对角线特征

图 6-4　Haar 特征

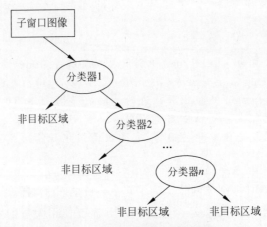

图 6-5　级联分类器检测示意图

6.6.2　使用积分图进行特征提取

为计算图像中 Haar 的特征值,需要计算出封闭矩形区域的像素值之和。在不断改变模板大小和位置的情况下,需要计算多重尺度区域,每个矩形中的每一像素值都可能需要遍历,并且可能会被重复遍历,例如多次同一像素被包含在不同的矩形中,这就导致较高的算法复杂度和计算量大的问题。为解决这一问题,提出积分图的概念。

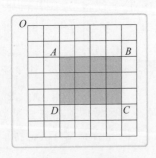

图 6-6　积分图

积分图原理是,仅第二次遍历图像时,将图像以线性时间进行初始化,可以提供像素的总和,其方法是通过矩形区域四个角的值。通过图 6-6 可以更好地理解这个概念。

如果想计算矩形 $ABCD$ 的面积,则在这个矩形区域中不需要遍历每一像素。假设 OP 表示矩形的左上角 O 和矩形对角线上的点 P 形成的矩形区域。为了计算矩形 $ABCD$ 的面积,我们可以使用下面的公式:

$$S_{矩形ABCD} = OC - (OB + OD - OA)$$

这个公式有什么特别之处呢? 提取图像的 Haar 特征,是需要重复的计算多个尺度矩形之和。由于我们反复遍历同一像素会导致运行速度变慢,这样构建实时系统是不可以的。正如我们所见,我们不需要多次遍历相同的像素,如果要计算矩形区域,上述公式计算是容易获取的,即计算等号右边的所有值,只需要用正确的值替代它们,这样就可以轻易提取特征。

积分图的主要思想:对于图像从起点到各个点所形成的矩形区域,把它们的像素和作为一个数组的元素,把数值保存在内存中,当要计算某个区域的像素和时,可以直接索引数组的元素,并且不用重新计算像素和,这样可以加快计算,叫作动态规划算法。积分图能够在多种尺度下使用相同的常数时间,计算不同的特征,这样提高检测速度效果明显。

积分图的构造方式:位置(x,y)处的值 $\text{ii}(x,y)$ 是原图像(x,y)左上角方向所有像素的和:

$$\text{ii}(x,y) = \sum_{x' \leqslant x, y' \leqslant y} i(x',y')$$

公式中 $\text{ii}(x,y)$ 表示积分图,$i(x',y')$ 表示点 (x',y') 的一个值,对于彩色图像,它表示该点的颜色值;对于灰度图像,它表示该点的灰度值,取值范围为 $0\sim255$。

提示:

> 积分图是 Crow 在 1984 年首次提出的,是为了在多尺度透视投影中提高渲染速度。随后这种技术被应用到基于 NCC 的快速匹配、对象检测和 SURF 变换、基于统计学的快速滤波器等方面。积分图是一种在图像中快速计算矩形区域和的方法,这种方法的主要优点是一旦积分图首先被计算出来的,就可以计算图像中任意大小矩形区域的和,而且是在常量时间内。这样在图像模糊、边缘提取、对象检测时极大降低计算量,提高计算速度。第一个积分图技术的应用是在 Viola-Jones 的对象检测框架中出现的。

6.7　人脸检测和跟踪

23 视觉处理 4

人脸检测是计算机视觉的学习范畴。人们早期的研究方向主要是依据人脸来识别人的身份——人脸识别。随着时代的发展,人脸检测需求越来越大,逐渐成为独立的研究方向。

人脸检测是检测给定图像中人脸的位置。人们通常会把它和人脸识别相混淆,对比两者,人脸识别是识别谁是谁的过程。典型的生物识别系统会综合利用人脸检测和人脸识别来执行任务,即分别使用人脸检测来定位人脸,使用人脸识别来识别人脸。在本节中将看到如何在实时视频中自动检测人脸的位置并跟踪它。

程序 6.6　使用 Haar 级联进行人脸检测

```
 1:  import cv2
 2:  import numpy as np
 3:
 4:  face_cascade = cv2.CascadeClassifier(
 5:                 'haarcascade_frontalface_default.xml')
 6:  cap = cv2.VideoCapture('face.mp4')
 7:  scaling_factor = 0.5
 8:
 9:  while True:
10:    _, frame = cap.read()
11:    frame = cv2.resize(frame, None,
12:                       fx = scaling_factor, fy = scaling_factor,
13:                       interpolation = cv2.INTER_AREA)
14:    gray = cv2.cvtColor(frame, cv2.COLOR_BGR2GRAY)
```

```
15:
16:        face_rects = face_cascade.detectMultiScale(gray, 1.3, 5)
17:        for (x, y, w, h) in face_rects:
18:            cv2.rectangle(frame, (x, y), (x + w, y + h), (0, 255, 0), 2)
19:        cv2.imshow('Output', frame)
20:
21:        c = cv2.waitKey(1)
22:        if c = = 27:
23:            break
24:
25:    cap.release()
26:    cv2.destroyAllWindows()
```

输出:

分析: 在该程序中,首先加载与人脸检测相对应的 Haar 级联文件,这个文件是 OpenCV 自带的一个级联分类器。可以在 OpenCV 文件的 data 文件中找到它。在该文件中还有很多分类器,可以用来检测眼睛、身体、微笑等,感兴趣的读者可以自己动手尝试一下。

接下来加载视频文件并定义比例因子的大小,使输出窗口的大小较为舒适。当文件被成功加载之后,捕获当前帧,使用比例因子调整它的大小,并将其转换为灰度图。然后在灰度图像上使用 detectMultiScale()函数采取人脸检测。detectMultiScale()函数的作用是对图像进行多尺度多目标检测,从而筛选出符合我们需求的目标。其次遍历检测到的人脸并在面部周围画一个矩形代表我们成功检测到人脸,就像是常用的手机相机一般。最后使用 imshow()函数将其输出。

在程序的输出中可以看到,程序正确地检测出了人脸,并在其周围画出了一个矩形。

 6.8　小结

本章学习了计算机视觉相关知识;了解了如何在各种操作系统上安装支持 Python 的 OpenCV;学习了帧间差分法,并使用它来检测视频中的移动部分;讨论了如何使用色彩空间跟踪目标;学习了背景差分法以及它如何用于跟踪静态场景中的物体;还使用 CAMShift 算法构建了一个对象跟踪器;学会了如何构建基于光流的跟踪器;讨论了人脸检测技术,并了解了 Haar 级联和积分图像的概念,使用这种技术可以构建人脸检测器和跟踪器。

习题

1. 计算机视觉研究的目的是什么？

2. 计算机视觉研究和图像处理以及计算机图形学的区别和联系是什么？

3. 使用 OpenCV 实现情绪识别，建立特定特征，能够识别惊讶、笑容、悲伤等情绪。

人工神经网络

本章首先介绍什么是人工神经网络,然后介绍如何建立人工神经网络并且去训练它。此外,还讨论了感知器以及如何基于此构建一个分类器,接着介绍构建单层神经网络和多层神经网络,以及循环神经网络。最后使用人工神经网络来构建一个光学字符识别引擎。

学完本章后,你将会了解:

- 什么是人工神经网络。
- 建立和训练人工神经网络。
- 感知器。
- 构建单层人工神经网络和多层人工神经网络。
- 循环人工神经网络。
- 构建光学字符识别引擎。

7.1 什么是人工神经网络

24 神经
网络 1

人工神经网络(Artificial Neural Network,ANN)简称神经网络(NN)。其基本原理是生物学中的神经网络,人们抽象和理解了人类大脑结构、外界刺激响应机制,再结合网络拓扑知识,从而模拟人脑神经系统对复杂信息处理机制的数学模型,如图 7-1 所示。其模型特征有高容错性、并行分布的处理能力、自学习能力和智能化等。人工神经网络将信息的存储和加工相结合,它的学习功能和知识表示方式受到各学科专家的关注。实际上,人工神经网络是一个复杂网络,是由大量简单元件相互连接而成的,它高度非线性,是非线性关系实现和进行复杂的逻辑操作的系统。

图 7-1 人工神经网络

大量的神经元(节点)相互连接构成了人工神经网络的一种运算模型。其中每个神经元都代表一种特定的输出函数,即激活函数(activation function),对于通过该连接信号的神经元之间的连接都代表一个加权值,即权重(weight),人工神经网络就是通过这种网络方式模拟人类大脑的。网络的结构、权重以及网络的连接方式和激活函数都决定着网络的输出,网络通常逼近自然界中某种函数或算法(是对一种逻辑策略的表达)。

人工神经网络理念的产生得到了生物的神经网络运作的启发。人们借助数学、统计工具，使得人工神经网络将生物神经网络与数学统计结合起来。通过数学、统计学在人工感知领域的应用，使人工神经网络能够具备像人的决定和判断能力，是对传统逻辑学的延伸。

人工神经网络具有自学习能力。例如，图像识别的过程中，把许多不同的图像样板，以及识别的结果输入人工神经网络，网络就会启动自学习的功能识别类似的图像。人工神经网络的反馈网络能够实现联想存储的功能。另外，人工神经网络能够高速寻找优化解，往往寻找复杂问题的优化解需要较大的计算量，一个针对某问题的反馈型神经网络可以高速运算，并很快找到优化解。另外自学功能对于预测有特别重要的意义。

最近十多年来对人工神经网络的研究不断深入，已经取得了很大的进展，人工神经网络在多个领域已成功解决了很多实际问题，例如在模式识别、自动控制、生物、预测估计、医学、智能机器人、经济等方面都表现出智能特性。

7.2　建立和训练人工神经网络

7.2.1　神经元

人工神经网络主要是一种简化的模仿人脑设计的计算模型，模型包含大量的神经元，主要用于计算，神经元之间会通过带有权重的连边，它们以一种层次化的方式组织在一起，层与层之间进行消息的传递，神经元之间进行并行计算。

人工神经元是一个运算模型，受生物神经元静息和动作电位的产生机制的启发。通过位于细胞膜或树突上的突触，生物神经元接收信号。当接收到的信号超过某个门限值，神经元会被激活，并且由轴突发射信号，另一个突触接收信号，这个过程中可能会激活其他神经元，如图 7-2 所示。

人工神经网络模型将生物神经元的复杂性概括成高度抽象的符号。神经元模型包括类似突触的多个输入（分别被不同的权值相乘），且收到的信号强度不同。决定是否激活神经元是由一个数学函数计算所得到的，如图 7-3 所示。计算有时依赖于某个门限的神经元输出，是另一个函数。

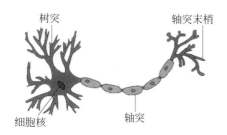

图 7-2　生物神经元

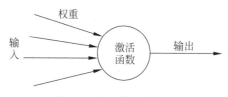

图 7-3　人工神经元模型

权值为负值意味着输入信号受到了抑制，并且输入信号对神经元影响越大则权值越大。权值不同则神经元的计算不同。固定输入下需要的输出值可以通过调整权值得到。当成百上千的神经元组成人工神经网络时，手动计算权值会非常复杂。这时就需要一些算法技巧。调整权重的过程称为"学习"或者"训练"。

7.2.2 建立人工神经网络

人工神经网络的设计使它们能够识别数据中的潜在模式并从中学习。它们可以用于各种任务,如分类、回归、分割等。需要将任何给定的数据转换为数字形式,然后再将其输入到人工神经网络中。例如,处理许多不同类型的数据,包括可视的、文本的、时间序列等。需要弄清楚如何用一种可以被人工神经网络理解的方式来表示问题。

人类的学习过程是分等级的,如图 7-4 所示。人们大脑的人工神经网络有多个不同的阶段,并且每个阶段对应的粒度不同。有些阶段学习一些简单的东西,有些阶段学习一些复杂的东西。考虑一个视觉识别物体的例子。看一个盒子时,第一阶段会识别出一些简单的东西,例如边缘和角落。下一阶段确定通用的形状,之后判断它是什么类型的物体。这个过程对于不同的任务是有差异的。通过构建这个层次结构,人们的大脑快速地分离了概念并识别出了给定的物体。

人工神经网络模拟人类大脑的学习过程,是用神经元层构建的。人工神经网络中,每一层神经元都是独立的,并且每个神经元都相连于相邻层的神经元。图 7-5 为人工神经网络示意。

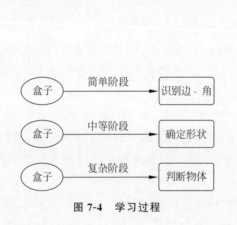

图 7-4 学习过程

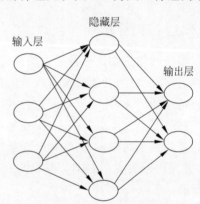

图 7-5 人工神经网络示意

神经元处理单元表示如字母、特征、概念这样不同的对象,或者表示具有意义的抽象模式。其中处理单元分为三种类型:输入单元、输出单元和隐藏单元。输入单元的作用是接收外部世界的数据与信号;输出单元的作用是输出系统处理的结果;隐藏单元处于输入单元和输出单元之间,是不可以由系统外部观察的。神经元间的连接强度是由连接权值反映的,网络处理单元的连接关系可以体现信息的表示和处理。值得一提的是,人工神经网络是一种适应性、非程序化、大脑风格的信息处理。人工神经网络的本质是在不同层次和程度上模仿人类大脑的神经系统,并处理信息,其并行分布式的信息处理功能是通过网络的变换和动力学行为得到的。

7.2.3 训练人工神经网络

当构造人工神经网络时,已经确定了神经元的转换函数和传递函数。转换函数在网络学习的过程中不能进行改变,因此改变加权求和的输入才可以改变网络输出大小。神经元只能响应处理网络的输入信号,修改网络神经元的权参数才可以改变网络的加权输入,总结出人工神经网络的学习过程就是不断改变权值矩阵。

假设需要处理的输入数据是 N 维的,那么输入层将由 N 个神经元组成。假设训练数据中有 M 个不同的类,那么输出层将由 M 个神经元组成。输入层和输出层之间的层称为隐藏层。一个简单人工神经网络将由几个层组成,一个深度人工神经网络将由许多层组成,如图 7-6 所示。

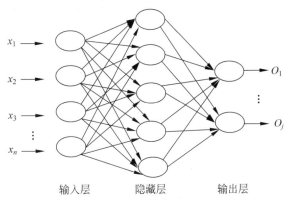

图 7-6　人工神经网络结构

考虑一个想要使用人工神经网络分类给定数据的情况。第一步是收集适当的训练数据并对其进行标记。每个神经元都是一个简单函数,人工神经网络会自动训练,直到误差低于某个值。误差基本上是实际输出和预测输出之间的差值。根据误差的大小,神经网络会自我调整,重新训练,直到它接近解决方案。

一般情况下人工神经网络学习和训练过程首先需要一组输入和输出数据对,选择网络模型和传递、训练函数后能够计算得到一个输出的结果,其次依据期望输出和实际输出的误差修正权值,这样在网络判断时,则会只有输入数据没有预期输出的结果。值得一提的是人工神经网络的重要功能之一是在不断调整神经元阈值和权值下,网络能从环境中学习,一直到网络的输出误差达到预期的结果后网络训练就结束。

人工神经网络具有自适应和自学习功能,其通过预先提供的输入输出数据对,分析输入输出数据中存在的内在关系以及规律,形成一个复杂的非线性系统函数,像这样的学习分析过程就是"训练"过程。神经元的每一个输入连接都用连接权值来表示连接强度,并且每一个输入量都对应相关联的权重,连接强度会放大产生的信号。处理单元输出量计算流程:首先经过权重的输入量化,接着相加求得加权值之和,从而计算得出该输出量是权重和的函数(传递函数,也是激活函数)。

7.2.4　激活函数

一方面网络结构影响人工神经网络解决问题的能力与效率,另一方面该能力取决于网络采用的激活函数。选择激活函数影响网络的收敛速度,不同的实际问题有着不同的激活函数。激活函数可以非线性转换计算结果,提升人工神经网络的表达能力,例如图像和语音识别。

在输入信号的作用下,神经元功能函数(activation function)f 给出产生输出信号的规律,即激活函数或转移函数,神经元功能函数是神经元模型的外特性,其中包含的流程有输入信号到净输入、激活值、产生输出信号。综合净输入、f 函数的作用,f 函数利用它们自身不同形式的不同特性,构成不同功能的人工神经网络。

常用的激活函数有以下几种形式:

(1)阈值函数。该函数通常也称为阶跃函数。该情况下人工神经元模型为 MP 模型。神经元的输出有两种情况,分别是取1或0,这两种情况反映了神经元的兴奋或抑制状态。

(2) 线性函数。该函数情况是在输出结果为任意值时作为输出神经元的激活函数,一旦网络复杂则该函数会降低网络的收敛性,所以很少使用。

(3) 对数S形函数。该函数的输出介于0与1之间,经常当输出为0~1的信号时会使用对数S形函数。

(4) 双曲正切S形函数。被平滑的阶跃函数与该函数类似,与对数S形函数的形状相同,其输出介于−1与1之间,以原点对称,当输出为−1~1的信号时选用双曲正切S形函数。

7.3 感知器

感知器也可翻译为感知机,是Frank Rosenblatt在1957年就职于Cornell航空实验室(Cornell Aeronautical Laboratory)时所发明的一种人工神经网络。感知器被认为是前馈式人工神经网络(7.4节介绍)的最简单形式,它是二元线性分类器。在人工神经网络中,感知器是一种典型结构,它的特点是结构简单,能从数学上严格证明,对问题存在着收敛算法。它推动了人工神经网络研究的发展。

感知器表示前馈式人工神经网络时使用特征向量,它是一个二元值。感知器把矩阵上的输入,也就是说将实数值向量 x 映射到输出函数 $f(x)$ 上。

$$f(x) = \begin{cases} 1, & w \cdot x + b > 0 \\ 0, & \text{其他} \end{cases}$$

其中,w 是实数,表示权重的向量,$w \cdot x$ 是点积;b 是偏置,表示一个不依赖于任何输入值的常数。激励函数的偏移量即为偏置,偏置给神经元一个基础活跃等级。$f(x)$ 的结果为0或1,用于分为肯定或者否定的,是一个二元分类的问题。若 b 是负则加权后的输入必须产生大于 b 的值,从而能令分类神经元大于0。从空间上看,虽然不是定向的,但是偏置会改变决策边界的位置。

人工神经网络的组成部分有感知器,如图7-7所示。它是一个单神经元,它接收输入,对它们进行计算,然后产生输出。它使用一个简单线性函数来做决定。假设处理的是 N 维输入数据点。感知器计算这些 N 个数字的加权总和,然后它添加一个常数来产生输出。这个常数被称为神经元的偏置。值得注意的是,这些简单的感知器经常被用来设计非常复杂的深度人工神经网络。

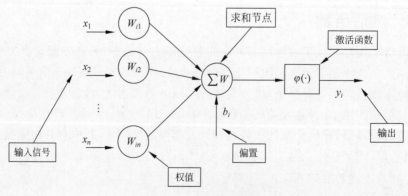

图7-7 感知器示意图

　　感知器也被称为单层人工神经网络,与较复杂的多层感知器(multilayer perceptron)不同。感知器是一种线性的分类器。可以说最简单的前向人工神经网络形式就是(单层)感知器。感知器虽然结构简单但是可以解决复杂问题。不能处理线性不可分的问题是感知器的主要缺陷。

　　下面一段程序用来加深对感知器的了解。

程序 7.1　构建感知器网络

```
1:   import numpy as np
2:   import matplotlib.pyplot as plt
3:   import neurolab as nl
4:
5:   data = np.array([[0.2, 0.3], [0.5, 0.4], [0.4, 0.6], [0.7, 0.5]])
6:   labels = [[0], [0], [0], [1]]
7:
8:   plt.figure()
9:   plt.scatter(data[:, 0], data[:, 1])
10:  plt.xlabel('Dimension 1')
11:  plt.ylabel('Dimension 2')
12:  plt.title('Input data')
13:
14:  dim1 = [0, 1]
15:  dim2 = [0, 1]
16:  num_output = 1
17:  perceptron = nl.net.newp([dim1, dim2], num_output)
18:  error_progress = perceptron.train(data, labels, epochs = 80, show = 20,
19:                                        lr = 0.03)
20:
21:  plt.figure()
22:  plt.plot(error_progress)
23:  plt.xlabel('Number of epochs')
24:  plt.ylabel('Training error')
25:  plt.title('Training error progress')
26:  plt.grid()
27:  plt.show()
```

输出:

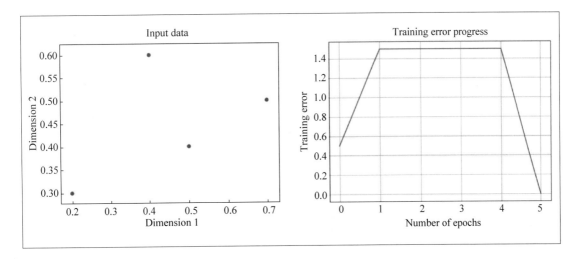

分析：本程序构建一个基于感知器的分类器。首先导入 NumPy、Matplotlib 和 NeuroLab 包。接着定义用于训练感知器的数据和标签(为什么需要标签？因为这是一个基于监督学习的例子，下同)。然后使用 Matplotlib 中的 pyplot 模块，其中 pyplot 模块提供一个类似 MATLAB 的绘图框架，然后绘制输入的数据点，程序第 8～12 行绘制输入数据并可视化。接下来定义两个向量，这两个向量是二维的，它们作用于神经元的输入，再定义一个输出神经元。使用 newp() 方法，用这两个输入神经元和一个输出神经元生成一个感知器网络。再使用之前定义的数据和标签训练该感知器，train() 函数中的参数 epochs 指迭代次数，show 指每迭代多少次在终端显示一次输出，lr 是学习率。最后使用误差度量来绘制训练进度并可视化输出。

在程序的输出中，第一张图显示了输入的数据点，第二张图显示了使用误差度量绘制的训练进度，可以看到在第四个阶段的末尾，误差降为 0。

提示：

> NeuroLab 是一个简单而强大的神经网络库，包括基础神经网络、训练算法，并具有弹性的架构，可创建其他网络。它用纯 Python 和 NumPy 写成。

25 神经
网络 2

7.4 构建单层人工神经网络和多层人工神经网络

7.4.1 前向网络和反馈网络

人工神经网络是一个复杂的互连系统，对网络的功能和性质产生影响的是单元之间的互连模式。学习单层人工神经网络前，先学习人工神经网络模型。人工神经网络模型从传播来讲分为两种：前馈人工神经网络(前向网络)和反馈人工神经网络。

前馈人工神经网络没有反馈机制，也就是只能向前传播而不能反向传播来调整权值参数。网络分为多个层，每层依次排列，按信号传输的先后顺序，并且第 i 层的神经元只接收第 $(i-1)$ 层神经元给出的信号，同时各神经元之间没有反馈，因此用一个有向无环路图可以表示，图 7-6 就是一个前向网络。网络实现信号的过程是从输入空间到输出空间的变换，简单非线性函数的多次复合使它具有信息处理能力。网络结构简单，易于实现。

反馈人工神经网络特点是，从输出到输入具有反馈连接，如图 7-8 所示，比前馈网络的结构复杂。一个互连人工神经网络是由多个神经元互连构成的。有些情况下，神经元的输出会被反馈到同层或前层的神经元。因此，信号能够从正向和反向流通。

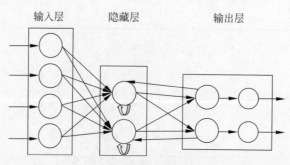

图 7-8 反馈人工神经网络

反馈人工神经网络的输入信号决定了初始状态的反馈系统，其次再系统经过状态转换后逐渐收敛至平衡状态，即反馈人工神经网络经计算后的输出结果。

7.4.2 构建单层人工神经网络

单层人工神经网络即单层感知器（single layer perceptron），如图 7-9 所示。单层感知器是最简单的人工神经网络。它包含两种层，分别是输入层和输出层，两者之间是直接相连的。单层人工神经网络一般是用来解决线性问题的，用于二分类问题。

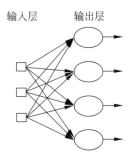

其算法思想如下：首先初始化连接权值和阈值，分别是较小的非零随机数。其次送入网络中，将 N 个连接权值的输入进行加权运算后得到输出结果，如果得到的输出与所期望的输出有较大的差别，就按照某种算法自动调整连接权值参数，这样反复多次直到所得到的输出与所期望的输出的差距满足要求。

线性不可分问题是单层人工神经网络不能表达的问题。其中线性不可分函数的数量会随着输入变量个数的增加而增加，甚至可能远远超过线性可分函数个数。总之，单层人工神经网络能够表达的问题少于不能表达的问题。

图 7-9 单层人工神经网络

下面是一段构建单层人工神经网络的例子。

程序 7.2 构建单层人工神经网络

```
1:   import numpy as np
2:   import matplotlib.pyplot as plt
3:   import neurolab as nl
4:
5:   text = np.loadtxt('data_simple_neural.txt')
6:   data = text[:, 0:2]
7:   labels = text[:, 2:]
8:
9:   plt.figure()
10:  plt.scatter(data[:, 0], data[:, 1])
11:  plt.xlabel('Dimension 1')
12:  plt.ylabel('Dimension 2')
13:  plt.title('Input data')
14:
15:  dim1_min, dim1_max = data[:, 0].min(), data[:, 0].max()
16:  dim2_min, dim2_max = data[:, 1].min(), data[:, 1].max()
17:  num_output = labels.shape[1]
18:  dim1 = [dim1_min, dim1_max]
19:  dim2 = [dim2_min, dim2_max]
20:  nn = nl.net.newp([dim1, dim2], num_output)
21:  error_progress = nn.train(data, labels, epochs = 100, show = 20, lr = 0.03)
22:
23:  plt.figure()
24:  plt.plot(error_progress)
25:  plt.xlabel('Number of epochs')
26:  plt.ylabel('Training error')
```

```
27:    plt.title('Training error progress')
28:    plt.grid()
29:    plt.show()
30:
31:    print('\nTest results:')
32:    data_test = [[0.5, 4.2], [4.7, 0.3], [3.6, 7.9]]
33:    for item in data_test:
34:        print(item, '--->', nn.sim([item])[0])
```

输出:

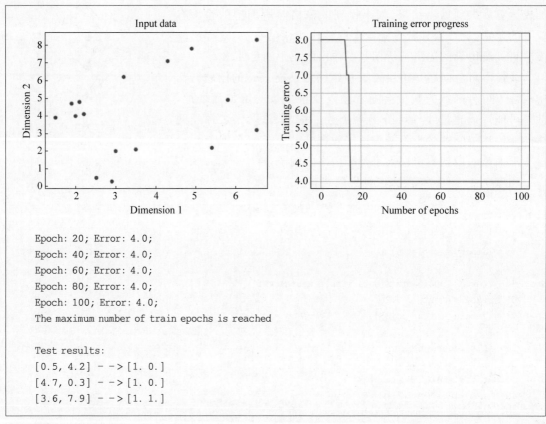

```
Epoch: 20; Error: 4.0;
Epoch: 40; Error: 4.0;
Epoch: 60; Error: 4.0;
Epoch: 80; Error: 4.0;
Epoch: 100; Error: 4.0;
The maximum number of train epochs is reached

Test results:
[0.5, 4.2] --> [1. 0.]
[4.7, 0.3] --> [1. 0.]
[3.6, 7.9] --> [1. 1.]
```

分析: 该程序和程序 7.1 类似。首先导入相关包,使用 data_simple_neural.txt 文本中提供的数据来作为输入。该文本的每一行都包含以空格作为分隔的四个数字,前两个数字形成了数据点,后两个数字是标签。可以根据自己所想来定义该文本中的数据。在程序中加载该文本,并将输入数据分为训练数据和标签使用。接下来绘制输入数据点。以上代码完成后为每个维度提取最小值和最大值,定义输出层中神经元数量。接下来定义两个向量,向量中的数据是每个维度的最小值和最大值。使用这些参数生成一个单层人工神经网络,并使用训练数据和标签来训练该人工神经网络。然后绘制训练进度。定义一些测试数据点,并使用这些数据点进行网络的仿真,sim()函数实现了网络的仿真。最后打印测试结果。

在程序的输出中,第一副图显示了输入数据点,第二副图显示了训练进度。在终端输出中显示迭代次数,规定每迭代 20 次显示一次,迭代 100 次之后,最大迭代次数已经达到。然后测试数据点的测试结果,如果在 2D 图形中查找这些测试数据点,可以直观地验证预测的输出是否正确。

7.4.3 构建多层人工神经网络

为了提高精确度,我们需要给人工神经网络提供更多的自主性。这意味着人工神经网络需要不止一层来提取训练数据中的潜在模式。

MLP(Multi-Layer Perceptron)即多层感知器,也就是多层人工神经网络,如图 7-10 所示。它不仅仅只有一层隐藏层。根据实际的情况或者是算法的需要,多层人工神经网络可以有两层或更多的隐藏层。它映射一组输入向量到一组输出向量,属于人工神经网络的一种前向结构。MLP 是一个有向图,由多个节点层构成,并且每一层全连接到下一层。每个节点(除了输入节点外)都是一个神经元(处理单元),且带有非线性激活函数。训练 MLP 的方法是反向传播算法的监督学习。MLP 克服感知器的弱点,即能识别线性不可分数据。

图 7-10 多层人工神经网络

反向传播模型即 BP(Back Propagation)模型,用于前向多层的反向传播学习算法。因为它能不断地修改(前向多层网络的)各人工神经元之间的连接权值,从而能够将输入变换为所期望的输出信息。反向学习算法依据该网络的实际与其期望的输出差值来修改权值,反向传播一层一层的差值。

由正向传播和反向传播构成反向传播算法,其中正向传播用于计算前向网络,经过网络计算输入信息得到输出结果;另外,反向传播用于逐层传递误差,通过修改权值从而计算输入信息得到的输出能达到期望的误差要求。

接下来用代码构建一个多层人工神经网络的例子。

程序 7.3 构建多层人工神经网络

```
1:    import numpy as np
2:    import matplotlib.pyplot as plt
3:    import neurolab as nl
4:
5:    min_val = -20
6:    max_val = 20
7:    num_points = 150
8:    x = np.linspace(min_val, max_val, num_points)
9:    y = 2 * np.square(x) + 7
10:   y /= np.linalg.norm(y)
11:
```

```
12:    data = x.reshape(num_points, 1)
13:    labels = y.reshape(num_points, 1)
14:
15:    plt.figure()
16:    plt.scatter(data, labels)
17:    plt.xlabel('Dimension 1')
18:    plt.ylabel('Dimension 2')
19:    plt.title('Input data')
20:
21:    nn = nl.net.newff([[min_val, max_val]], [10, 6, 1])
22:    nn.trainf = nl.train.train_gd
23:    error_progress = nn.train(data, labels, epochs = 1200, show = 100, goal = 0.01)
24:    output = nn.sim(data)
25:    y_pred = output.reshape(num_points)
26:
27:    plt.figure()
28:    plt.plot(error_progress)
29:    plt.xlabel('Number of epochs')
30:    plt.ylabel('Error')
31:    plt.title('Training error progress')
32:
33:    x_dense = np.linspace(min_val, max_val, num_points * 2)
34:    y_dense_pred = nn.sim(x_dense.reshape(x_dense.size,1)).reshape(x_dense.size)
35:    plt.figure()
36:    plt.plot(x_dense, y_dense_pred, '-', x, y, '.', x, y_pred, 'p')
37:    plt.title('Actual vs predicted')
38:    plt.show()
```

输出:

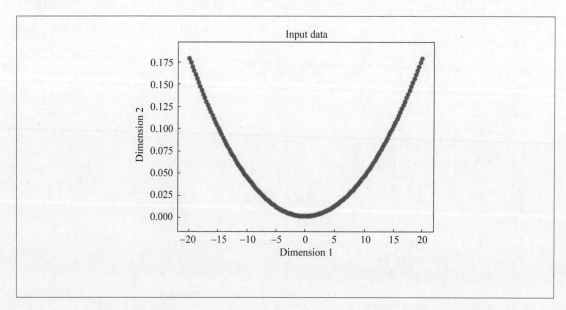

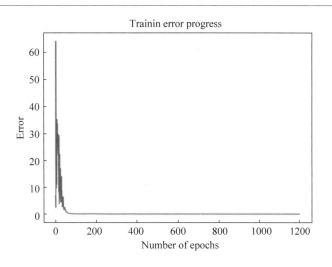

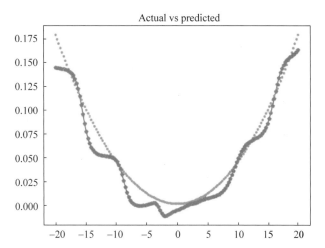

```
Epoch: 100; Error: 0.11331967842182422;
Epoch: 200; Error: 0.02710494554279251;
Epoch: 300; Error: 0.08570676411013539;
Epoch: 400; Error: 0.05766512665344843;
Epoch: 500; Error: 0.05757099489196255;
Epoch: 600; Error: 0.050491014550849124;
Epoch: 700; Error: 0.04685468635504871;
Epoch: 800; Error: 0.04273185529871567;
Epoch: 900; Error: 0.03917842801570279;
Epoch: 1000; Error: 0.03589262044974862;
Epoch: 1100; Error: 0.032897717239481;
Epoch: 1200; Error: 0.030183541423230622;
The maximum number of train epochs is reached
```

　　分析： 这段代码的目的是创建一个多层人工神经网络。首先导入相关包。接着根据方程 $y = 2x^2 + 7$ 生成一些样本数据点，然后将这些点进行规范化处理。linspace() 函数的作用是在指定的间隔内返回均匀间隔的数字。数据规范化处理是使用 linalg.norm()，即数据预处理技术。重塑上述变量，创建用于训练网络的数据集和标签。接下来绘制输入数据。完成后使用之前定义过的参数生成一个包含两个隐藏层的多层人工神经网络,newff()函数的作用是生成一个前馈 BP 人工神经网络。第一个隐藏层包含 10 个神经元,第二个隐藏层包含 6 个神经元。可以自定义隐藏层中的神经元数量,也可以自定义隐藏层的数量。我们任务是预测值,因此输出层包含单个神经元。之后把该网络的训练算法设置为梯度下降法。使用生成的训练数据和标签来训练这个人工神经网络。接着在训练数据点上运行人工神经网络,使用 y_pred 接收输出值。程序第 27~31 行是绘制训练进度并可视化。最后绘制实际与预测的输出关系图。

在程序的输出中第一幅图显示了输入数据,第二幅图显示了训练进度,第三幅图显示了实际与预测的输出关系。可以看到预测输出基本上遵循总体趋势。如果继续训练网络并减小误差,将会看到预期的输出将更加准确地匹配输入曲线。在终端的输出中显示了迭代次数为 1200 次。

提示:

梯度下降法是迭代法的一种,可以用于求解最小二乘问题。梯度下降法的含义是通过当前点的梯度方向寻找到新的迭代点。其基本思想可以这样理解:从山上的某一点出发,找一个最陡的坡走一步(也就是找梯度方向),到达一个点之后,再找最陡的坡,再走一步,不断地这么走,直到走到最"低"点(最小花费函数收敛点)。

26-1 循环
神经网络 1

26-1 循环
神经网络 2

7.5 循环人工神经网络

到目前为止,我们一直在处理的都是静态数据。人工神经网络也很擅长为序列数据建模,尤其是循环人工神经网络。这个世界上最常见的连续数据形式之一是时间序列数据。当使用时间序列数据时,不能只使用通用的学习模型,还需要描述数据中的时序依赖关系,这样就可以构建一个健壮的模型。

循环人工神经网络(Recurrent Neuron Network,RNN)是对序列数据建模的人工神经网络,如图 7-11 所示。RNN 的目的是处理序列数据。传统的人工神经网络模型的过程是从输入层到隐含层,再从隐含层到输出层;层与层之间全连接,每层的节点之间无连接。普通的人工神经网络不能解决很多问题。例如预测句子的下一个单词,因为句子的单词都是相关联的,所以预测需要用到之前出现的单词。如当前单词是"很",可以查到前一个单词是"天空",容易分析出下一个单词是"蓝"的概率很大。RNN 称为循环神经网络的原因是,一个序列当前的输入与前面的输出有联系。其主要表现在网络会记忆前面的信息并计算当前的输出,也就是说

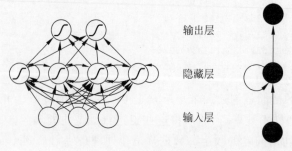

图 7-11 循环人工神经网络

隐藏层之间的节点是有连接的,同时隐藏层的输入包括两大部分,分别是输入层的输出和上一时刻隐藏层的输出。RNN 理论上能够处理任何长度的序列数据,但在实践中为了降低复杂性,假设当前的状态只与前面的几个状态相关。

隐藏层单元彼此间是完全对等的,这个特点区别于传统的机器学习模型,RNN 中间的隐藏层从左向右是有时序的,因此隐藏层单元之间是讲究先来后到的。下面用一段代码来了解循环人工神经网络是如何工作的。

程序 7.4　构建循环人工神经网络

```
 1:   import numpy as np
 2:   import matplotlib.pyplot as plt
 3:   import neurolab as nl
 4:
 5:   def get_data(num_points):
 6:       wave_1 = 0.49 * np.sin(np.arange(0, num_points))
 7:       wave_2 = 3.62 * np.sin(np.arange(0, num_points))
 8:       wave_3 = 1.2 * np.sin(np.arange(0, num_points))
 9:       wave_4 = 4.6 * np.sin(np.arange(0, num_points))
10:
11:       amp_1 = np.ones(num_points)
12:       amp_2 = 2 + np.zeros(num_points)
13:       amp_3 = 3.1 * np.ones(num_points)
14:       amp_4 = 0.9 + np.zeros(num_points)
15:
16:       wave = np.array([wave_1, wave_2, wave_3, wave_4]).reshape(num_points * 4, 1)
17:
18:       amp = np.array([[amp_1, amp_2, amp_3, amp_4]]).reshape(num_points * 4,1)
19:
20:       return wave, amp
21:
22:   def visualize_output(nn, num_points_test):
23:       wave, amp = get_data(num_points_test)
24:       output = nn.sim(wave)
25:       plt.plot(amp.reshape(num_points_test * 4))
26:       plt.plot(output.reshape(num_points_test * 4))
27:
28:   if __name__ == '__main__':
29:       num_points = 50
30:       wave, amp = get_data(num_points)
31:
32:       nn = nl.net.newelm([[-3,3]], [9, 1], [nl.trans.TanSig(), nl.trans.PureLin()])
33:       nn.layers[0].initf = nl.init.InitRand([-0.1, 0.1], 'wb')
34:       nn.layers[1].initf = nl.init.InitRand([-0.1, 0.1], 'wb')
35:       nn.init()
36:       error_progress = nn.train(wave, amp, epochs = 1200, show = 100, goal = 0.01)
37:       output = nn.sim(wave)
38:
39:       plt.subplot(211)
40:       plt.plot(error_progress)
41:       plt.xlabel('Number of epochs')
42:       plt.ylabel('Error')
43:       plt.subplot(212)
44:       plt.plot(amp.reshape(num_points * 4))
```

```
45:      plt.plot(output.reshape(num_points * 4))
46:      plt.legend(['Original', 'Predicted'])
47:
48:      plt.figure()
49:      plt.subplot(211)
50:      visualize_output(nn, 83)
51:      plt.xlim([0, 300])
52:      plt.subplot(212)
53:      visualize_output(nn, 48)
54:      plt.xlim([0, 300])
55:      plt.show()
```

输出:

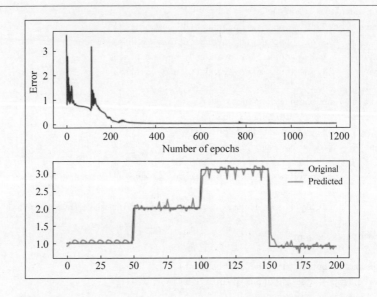

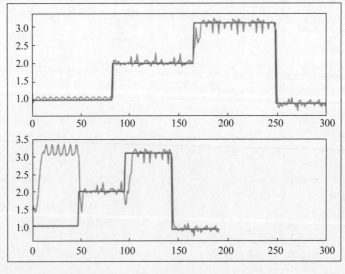

```
Epoch: 100; Error: 0.6873216412094455;
Epoch: 200; Error: 0.9081901243612933;
Epoch: 300; Error: 0.06353499722527695;
Epoch: 400; Error: 0.05278743365484468;
Epoch: 500; Error: 0.04501848491408758;
Epoch: 600; Error: 0.07467196765059253;
Epoch: 700; Error: 0.03905240909170196;
Epoch: 800; Error: 0.037838042930685434;
Epoch: 900; Error: 0.03913527185304737;
Epoch: 1000; Error: 0.03707538500462401;
Epoch: 1100; Error: 0.035189353608558564;
Epoch: 1200; Error: 0.035847937592551296;
The maximum number of train epochs is reached
```

分析：该程序构造一个循环人工神经网络。首先，导入相关包。然后定义两个函数：第一个函数用于生成训练网络所需的训练数据和标签；第二个函数用于可视化人工神经网络的输出。get_data()函数接收一个 num_points 参数，首先创建四个正弦波，再为整个波形创建不同的振幅，然后生成整个波形和振幅，最后返回这两个值。visualize_output()函数接收两个参数：一个是人工神经网络；另一个是测试数据点。首先得到训练网络所需的参数，然后使用该参数进行网络仿真，接着绘制输出并可视化。上述操作完成之后，定义主函数，并定义样本数据点。这里定义了 40 个数据点，并使用这些数据点生成了波形和振幅。接着创建一个包含两层的人工循环神经网络。newelm()函数是创建一个 Elman BP 人工神经网络。为每一层设置初始化函数，第 33～35 行实现了这一点。使用之前生成的波形和振幅训练该人工神经网络，再在网络上运行训练数据，用 output()接收输出结果。代码第 39～46 行是绘制输出，第 48～55 行是在未知的测试数据上测试人工神经网络的性能。

在程序的输出中，第一幅图的上半部分显示了训练进度，下半部分显示了在输入波形之上的预测输出。第二幅图的上半部分显示了增加数据点之后人工神经网络是如何模拟波形的，下半部分显示的是缩短了的波形。在终端上可以看到人工神经网络的训练迭代了 1200 次。

Elman BP 人工神经网络是带有反馈的两层 BP 网络结构，其中反馈连接过程为，从隐藏层的输出到其输入端，使得 Elman BP 人工神经网络可以识别和探测时变的模式。隐藏层也被称为反馈层，反正切函数 tansig() 是神经元的传递函数。输出层为线性层，传递函数为 purelin()函数，它是一个纯线性函数。但是当满足隐藏层必须具有足够的神经元数目这个唯一的要求后，上述特殊的两层网络可以以任意精度逼近任意函数，并且隐藏层神经元的数量与逼近复杂函数的精度成正比。Elman 人工神经网络第一层具有反馈连接，这区别于传统的两层神经网络，它可以存储前一次的值并应用到本次的计算当中。反馈状态不同，则输出结果也不同。它具有存储空间模式和学习时间模式。

7.6 构建光学字符识别引擎

人工神经网络可以使用光学字符来识别数据库。这可能是最常见的例子之一。光学字符识别（OCR）的过程是识别图像中手写字符。因此可以使用人工神经网络来识别数据库中的字符，并将其可视化。在开始构建这个模型之前，需要一个可用的数据集。可以从 http://ai.

stanford. edu/~btaskar/ocr 中下载一个名为 letter. data 的文件,它是一个光学字符识别数据库。下载好所需的数据集后,就可以开始进行编程了。

下面用人工神经网络构建一个光学字符识别引擎。

程序 7.5 构建光学字符识别引擎

```
1:    import numpy as np
2:    import neurolab as nl
3:
4:    input_file = 'letter.data'
5:    num_datapoints = 40
6:    orig_labels = 'encode'
7:    num_orig_labels = len(orig_labels)
8:
9:    num_train = int(0.9 * num_datapoints)
10:   num_test = num_datapoints - num_train
11:   start = 6
12:   end = -1
13:
14:   data = []
15:   labels = []
16:   with open(input_file, 'r') as f:
17:       for line in f.readlines():
18:           list_vals = line.split('\t')
19:           if list_vals[1] not in orig_labels:
20:               continue
21:           label = np.zeros((num_orig_labels, 1))
22:           label[orig_labels.index(list_vals[1])] = 1
23:           labels.append(label)
24:           cur_char = np.array([float(x) for x in list_vals[start:end]])
25:           data.append(cur_char)
26:           if len(data) >= num_datapoints:
27:               break
28:
29:   data = np.asfarray(data)
30:   labels = np.array(labels).reshape(num_datapoints, num_orig_labels)
31:   num_dims = len(data[0])
32:
33:   nn = nl.net.newff([[0, 1] for _ in range(len(data[0]))],
34:                   [128, 16, num_orig_labels])
35:   nn.trainf = nl.train.train_gd
36:   error_progress = nn.train(data[:num_train,:], labels[:num_train,:],
37:                   epochs = 5000, show = 500, goal = 0.01)
38:
39:   print('\nTesting on unknown data:')
40:   predicted_test = nn.sim(data[num_train:, :])
41:   for i in range(num_test):
42:       print('\nOriginal:', orig_labels[np.argmax(labels[i])])
43:       print('Predicted:', orig_labels[np.argmax(predicted_test[i])])
```

输出：

```
Epoch: 500; Error: 22.450588249822218;
Epoch: 1000; Error: 4.644646562423083;
Epoch: 1500; Error: 4.609393371036187;
Epoch: 2000; Error: 4.658739623259052;
Epoch: 2500; Error: 4.663467055273863;
Epoch: 3000; Error: 4.660673574025427;
Epoch: 3500; Error: 4.651609857054005;
Epoch: 4000; Error: 4.635088375051949;
Epoch: 4500; Error: 4.595192857240792;
Epoch: 5000; Error: 4.11986688543853;
The maximum number of train epochs is reached

Testing on unknown data:

Original: o
Predicted: o

Original: n
Predicted: n

Original: d
Predicted: d

Original: n
Predicted: n
```

分析：该程序用人工神经网络构造一个光学字符识别器引擎。首先导入相关包，并加载输入文件。初始化数据点参数，在神经网络处理大量数据时，往往需要花费很多时间来做训练，为了展示如何创建这个系统，这里只用了 40 个数据点。接着定义一个包含不同字符的字符串并提取它的长度，也就是不同字符的数量，这个字符串是作为测试数据来测试系统的。接下来定义训练集和测试集的分割，将使用数据点的 90% 用于训练，10% 用于测试。程序第 11、12 行定义数据集提取参数，接着创建数据集。第 16～18 行打开文件，逐行读取，并将每行以 Tab 分隔符分割。如果标签不在列表中，则应该跳过它。代码第 21～23 行提取当前标签并将其附加到主列表，第 24、25 行提取字符向量并将其附加到主列表。当有足够的数据时，就跳出循环。接着将数据和标签转换为数组，并提取数据的维度。第 33、37 行创建一个前馈人工神经网络，并将训练算法设置为梯度下降法，使用之前生成的数据和标签训练该网络。最后预测测试数据的输出。

在程序的输出中显示了迭代的次数，这里将迭代次数设置为 5000。可以设置更大的迭代次数，这样训练结果将会更准确。可以看到字符的预测输出结果是正确的。如果选择其他的测试数据，那么测试结果可能会有所不同。

7.7　小结

本章学习了人工神经网络。首先学习什么是人工神经网络以及如何构建和训练它。接着讨论了感知器的算法思想以及如何基于此构建一个分类器。还学习了如何构建单层人工神经网络和多层人工神经网络。然后学习使用循环人工神经网络分析序列数据。最后用人工神经网络建立一个光学字符识别引擎。

 习题

1. 简述人工神经网络的特点。

2. 人工神经网络的三要素是什么？

3. 简述什么是激活函数，以及激活函数的作用。

4. 构建人工神经网络模型，分别构建单层人工神经网络和多层人工神经网络，实现7.2节和7.3节的实践案例。

5. 实现光学字符识别数据库案例。

第 **8** 章

强化学习和深度学习

本章主要介绍两方面内容：强化学习和深度学习。从一个大的视角来看，强化学习和深度学习都是机器学习的分支。在本章中，读者首先了解什么是强化学习，然后通过现实中的例子来了解强化学习是如何表现出来的。之后将了解深度学习、卷积神经网络（CNN），其中，卷积神经网络的应用具有非常广阔的发展前景，其在图像识别领域已经应用得非常广泛并且对大型图像的处理技术也较为成熟。最后，讨论使用单层神经网络和卷积神经网络建立图像分类器。

学完本章后，你将会了解：

- 强化学习的基本概念。
- 强化学习案例——构建智能体。
- 什么是深度学习。
- 卷积神经网络。
- 使用单层神经网络建立图像分类器。
- 使用卷积神经网络建立图像分类器。

8.1 强化学习的基本概念

27 强化学习与深度学习1

8.1.1 什么是强化学习

强化学习（Reinforcement Learning，RL）也称为再励学习、评价学习或增强学习，有多种称谓（本章采用通用名称——强化学习）。其主要应用于解决智能体（agent）在与外部环境交互活动的过程中，能够通过自身学习策略来应对外部环境问题，从而达到回报效益最大化的问题。

强化学习是智能体以"试错（trail-and-error）"的方式进行学习，通过与外部环境交互，从而获得的具有奖赏性质的一种奖励性行为，其最终目的是使智能体获得的奖赏能够达到一种最大化的状态。不同于监督学习，强化学习的特点主要体现在其对信号的强化能力上。社会生活中，人们在客观上对一种行为或决策做出评价通常都会依据相应的准则和标准。在强化学习中，这个准则就是强化信号，其对智能体做出的决策进行评估，得出的评估结果称为标量信号。通过与外部环境交互产生的对行为或决策的评价从而得到更好的交互选择，而不是一味的对强化学习系统(Reinforcement Learning System,RLS)灌输信息,即如何产生正确的行为决策。如图 8-1 所示,博弈就是强化学习的一种体现。大数据时代,各类决策的产生都依赖于数据分析,而数据分析却依赖于庞大的数据信息。例如若家长需要决定自己的孩子去哪一所学校读书,那么就要考虑学校口碑、教育质量、教师素质、学校周边环境以及学校距离等各种外部信息,但由于外部环境能够提供的信息量不足以达到一个可观的程度并且信息的可靠性也有待考量,故强化学习系统必须依靠自身以往的经验进行学习。通过这种方式强化学习系统在行动-评价的环境体系中获得经验数据来构建知识体系,从而改进决策方案以达到回报效益最大化的目的。

强化学习来源于心理学,其本质是对行为心理学(behavioral psychology)的深层次研究。1911 年 Thorndike 提出了效用法则(law of effect):哪种行为会被记住并再现取决于该行为对自身产生的效用。例如当我们教育小孩子学习时如果他做对了一道难题,我们会给他一块糖果作为奖品。相反,如果他没有做对那道难题就不会得到糖果。"做对难题"与"获得糖果"这个情景加强了彼此之间的联系,获得糖果会使小孩子下次遇到难题时会努力思考争取得到正确答案,以达到获得糖果的目的。如图 8-2 所示,动物训练师在训练狗狗的行为时同样也会产生相同的效用。

图 8-1 博弈

图 8-2 狗接飞盘

在给定情境下,得到奖励的行为会被"强化"而受到惩罚的行为会被"弱化"。这样一种生物智能模式使得动物可以从尝试不同行为所获得的奖励或受到的惩罚中学到在特定情境下去选择动物训练者所期望的行为。其实,这就是强化学习的核心机制:通过试错的方式来学习在给定情境下如何做出最恰当的决策行为。Sutton 定义强化学习为:为达到回报效益最大化的目标,通过采取试错的行为方式来学习在特定的场景下如何对状态(states)与动作(actions)完成一个最优的组合搭配。

通过汲取了生物学习中智能模式的优点,又摒弃了传统的机器学习中"被告知"的硬性决策,即智能体被告知做出何种决策,强化学习带给智能体一场新的变革。智能体通过强化学习主动尝试多种决策并自发选择回报效益最大化的行为。正如 Tesauro 所描述的那样:既不需要预备知识也不依赖于任何外部帮助,强化学习使得智能体能够根据自身的经验进行自主学习。

8.1.2　强化学习与监督学习的区别

在机器学习中,较为熟知的有监督学习和非监督学习,此外还有一个大类就是强化学习。下面比较一下强化学习和监督学习。

监督学习的情况类似于在商场购物时父母会在身边为你指点,如何用有限的金额购买性价比最高的产品组合。但生活中,很多实际问题上,例如计算机算法中的装箱问题,会存在成千上万种组合方式的情况,父母不可能计算出所有可能购买的商品组合。而强化学习会尝试做出一些行为,这种选择可以得出某种结果,通过这个结果优劣性的反馈来进一步调整上一次的行为。通过这种不断的尝试、不断反复的调整,从而计算出最优的结果。强化学习能够达到以回报效益最大化为目的,在何种场景下做出何种决策可以达到最优结果的效果。

强化学习的结果反馈有时延,有时经过一系列决策后产生的影响才能够让我们判断先前决策序列过程中是否存在优劣性的选择,并通过改变先前决策来判断劣性决策存在于哪一步。不同于强化学习,监督学习的决策结果无论优劣都会立即反馈给算法。对比两者的输入相关,强化学习的输入存在可变性,前者决策结果的输出与之后决策的输入存在相关性。但监督学习的输入是独立同分布的,不会受到前者决策结果的影响。

强化学习使一个智能体在探索与开发之间权衡利弊,从而根据一个回报效益最优的结果选择其行为,并做出最终决策。类似于上文提到的效益原则,探索会通过不同的尝试并将其结果进行比较得出其中的优劣程度。开发则会尝试历史经验积累中最为理想的行为,而监督算法一般只考虑开发。

8.1.3　强化学习的原理

强化学习是从动物学习、参数摄动自适应控制和其他理论发展而来的。其基本原理为:如果智能体的行为策略得到外部环境积极的回报(增强信号),那么智能体制定此行为策略的趋势将得到加强。智能体的目标是在每个离散状态下找到最佳策略以获得最大化的期望折扣奖励。

强化学习以学习作为测试评估的过程。智能体针对环境选择一个动作或做出一个决策,外部环境在接收动作后状态也会随之发生相应的变化,同时外部环境会向智能体产生强化反馈信号(奖励或惩罚)。智能体根据接收到的加固信号和外部环境的当前状态进而调整之后的动作,而选择原则是以正加固信号(奖励)为标准,智能体需使正加固信号增大。因此,选择的动作不仅影响立即强化值,同时也影响外部环境下一刻的状态和最终强化值。图 8-3 所示为强化学习的原理。

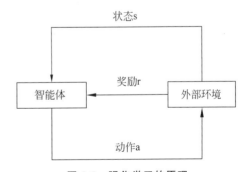

图 8-3　强化学习的原理

强化学习与监督学习不同,这种不同主要体现在强化信号上。在强化学习中,外部环境提供的强化信号是智能体对所产生动作的质量评估(称为标量信号),而不是告知智能体如何做出决策才是正确的。由于外部环境提供的信息量有限并且可靠性有待考量,智能体必须从自己的历史经验中学习。这样,智能体就可以在逐个动作评估环境中获取知识信息,并改进行动与决策计划以适应外部环境。

强化学习的学习目的是动态调整参数以获得最大的强化信号。由于在增强信号(即图8-3中的奖励)r和由智能体生成的决策行为(即图8-3中的动作)a之间没有明确的功能形式描述,因此无法获得确切的梯度信息 r / a,由此产生随机单元这个概念。使用此随机单元,智能体可以在可能的决策空间中进行搜索并找到正确的操作。

强化学习是机器学习的重要分支,其实质是解决决策问题,即自动性并且能够连续性地做出决策。其本质包含四个要素:智能体、环境、动作、奖励。强化学习的目的是尽最大可能取得最大回报效益。

以孩童习路为例,有个孩子想学习走路,但在他能做到之前,他必须能够先站起来,然后他必须能够维持平衡,再之后,他必须走出一步,用左腿或右腿,接下来,他必须再走下一步。儿童就是一个智能体,他试图通过采取行动(即行走)来控制外部环境(行走的表面),实质是一种状态转换的过程与此过程带来的效益的累加。当他完成任务的子任务(即走了几步)时,孩子可以得到奖励(巧克力),当他不能走路时,就无法得到奖励。

8.1.4 现实中强化学习的实例

为了更好地了解强化学习的工作原理以及可以使用这个概念构建哪些可能的应用程序,下面举几个在现实世界中强化学习的例子,如图8-4所示。

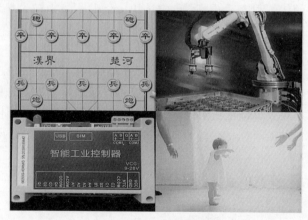

图 8-4 强化学习的例子

博弈:例如像围棋或象棋这样的棋类游戏。为了确定最好的走法,玩家需要考虑各种各样的因素。但各种走法的可能性都很大,不能直接确定哪种走法是最好的。如果要构建一个使用传统技术来玩这种游戏的机器,就需要制定大量的游戏规则来覆盖所有的这些可能性。强化学习完全绕过了这种需要主观手动制定规则的困扰,智能体只是通过实际玩游戏来学习如何做出最好的策略。

自动化:如果给一个机器人分配一项工作,让它去探索一座新的建筑。它必须确保有足够的剩余电力返回基站。这个机器人必须决定是否应该在收集的信息量和保持安全返回基站的能力之间做出权衡。

工业控制器:考虑电梯调度的情况。一个好的调度程序将花费最少的电量,为最多的人提供服务。对于这类问题,强化学习智能体可以在模拟环境中学习如何做到这一点,然后可以利用这些知识来制定最优调度。

婴儿：新生儿在头几个月走路非常困难。他们通过反复尝试来学习如何走路，直到他们学会走路。

如果仔细观察这些例子，会发现它们有一些共同的特点，即所有这些都涉及与外部环境的交互。智能体的目的是，即使在不确定的环境中，也要实现自己的目标。智能体的行为将会更改外部环境的下一步的状态。当智能体继续参与外部环境的互动并给予外界回应时，之后的状态也会随之发生相应的改变。接下来，将通过具体的编程来实现强化学习的案例。

8.2 强化学习案例——构建智能体

使用一个名为 OpenAI gym 的软件包来构建强化学习智能体。gym 本质是一个工具包，由 OpenAI 发布，主要用于开发和比较强化学习算法。它能够使得 AI 智能体做出多样化行为，如转圈、运动以及与其他智能体进行交互等（如围棋）。

接下来，通过一段程序来构建一个学习智能体，来看看它是如何实现目标的。

程序 8.1 构建智能体

```
1:   import argparse
2:   import gym
3:
4:   def build_arg_parser():
5:       parser = argparse.ArgumentParser(description = 'Run an environment')
6:       parser.add_argument('--input-env', dest = 'input_env', required = True,
7:               choices = ['cartpole', 'mountaincar', 'pendulum'],
8:                   help = 'Specify the name of the environment')
9:       return parser
10:
11:  if __name__ == '__main__':
12:      args = build_arg_parser().parse_args()
13:      input_env = args.input_env
14:
15:      name_map = {'cartpole': 'CartPole-v0',
16:                  'mountaincar': 'MountainCar-v0',
17:                  'pendulum': 'Pendulum-v0'}
18:      env = gym.make(name_map[input_env])
19:
20:      for _ in range(20):
21:          observation = env.reset()
22:
23:        for i in range(100):
24:              env.render()
25:              print(observation)
26:              action = env.action_space.sample()
27:              observation, reward, done, info = env.step(action)
28:
29:              if done:
30:                  print('Episode finished after {} timesteps'.format(i + 1))
31:                  break
```

输出:

```
[ − 0.09396701    − 0.18303024    − 0.01684168    0.02867931]
[ − 0.09762761    0.01232913    − 0.01626809    − 0.26926941]
[ − 0.09738103    − 0.18255693    − 0.02165348    0.0182384   ]
[ − 0.10103217    − 0.37736176    − 0.02128871    0.30401151]
[ − 0.10857941    − 0.57217395    − 0.01520848    0.58990518]
[ − 0.12002288    − 0.76707969    − 0.00341038    0.87775885]
[ − 0.13536448    − 0.57191156    0.0141448    0.58400571]
[ − 0.14680271    − 0.76722877    0.02582491    0.88111065]
[ − 0.16214728    − 0.96269183    0.04344712    1.18179916]
[ − 0.18140112    − 1.1583499    0.06708311    1.48777875]
[ − 0.20456812    − 0.96410625    0.09683868    1.21677625]
[ − 0.22385024    − 1.16033445    0.12117421    1.53816561]
[ − 0.24705693    − 1.35668832    0.15193752    1.86607482]
[ − 0.2741907    − 1.55311245    0.18925902    2.20181469]
Episode finished after 31 timesteps
```

分析: 首先导入 argparse 和 gym 这两个包。argparse 包用于命令行参数的设置和解析,gym 包的应用范围是开发和对比强化学习算法。接下来,定义一个函数来解析输入参数,在其中指定要运行的环境的类型,定义主要功能并解析输入参数。然后,在 OpenAI gym 程序包中构建从输入参数到环境名称的映射。根据输入参数创建环境,并通过初始化环境进行迭代。对于每次初始化,迭代 100 次。首先渲染环境,然后打印出当前状态值并随机从动作空间中选取动作。根据所采取的动作提取观察、奖励、状态和其他信息。最后检查是否实现了目标。

其中,gym. make()函数是根据输入参数创建环境模型。reset()函数是初始化环境。在强化学习中,智能体需要进行多次探索尝试并且积累足够的经验,然后从经验中学习性质较优的行动决策。一次尝试称为轨迹或情节。每次尝试都需要从初始状态转到终止状态。尝试结束时,需重新初始化。模拟环境有不可或缺的两个部分:一是物理引擎,主要用于模拟外部环境中主体的行为规律;二是图像引擎,主要用于描绘外部环境中的主体的成像。其中渲染功能是图像引擎,易于直观地显示当前环境对象的状态且易于调试代码。step()函数作为模拟器中的物理引擎,它的输入是动作 X,其输出为:1,下一个状态;2,立即回报(奖励);3,是否终止;4,调试项。此功能描述有关智能体如何与外部环境进行交互的所有相关的数据信息,并且是环境文件中最重要的功能。在此功能中,智能体的运动学模型和动态模型通常用于计算下一个状态和立即回报,并由此确认是否已经到达了终止状态。

如果要运行该程序并执行其功能,需要由终端进入该程序所在的指定目录下,执行下述命令:

```
python balancer.py -- input - env cartpole
```

然后会弹出一个窗口,窗口中车杆会一直处于竖直状态,并在终端中打印出上述信息。

提示:

> cart pole 即车杆游戏,游戏里面有一个小车,车上竖着一根杆子。小车需要左右移动来保持杆子竖直。如果杆子倾斜的角度大于15°,那么游戏结束。在 gym 的 cart pole 环境(env)里面,左移或者右移小车动作之后,env 都会返回一个＋1 的奖励。到达 200 个奖励之后,游戏也会结束。在 gym 包中还有很多类似的游戏,可以通过查看 gym 的官方文档来了解更多。

8.3　什么是深度学习

28 强化学习
与深度学习 2

深度学习(Deep Learning,DL)于 1986 年首次引入机器学习,随后于 2000 年应用于人工神经网络。深度学习是一种精确的分层学习,指在多个计算阶段中精确地分配信用,以转换网络中的聚合激活,从而由简单的基础来学习和分析处理复杂的问题。深度学习体系是一个具有多个抽象层次的训练架构(用于训练参数)。简而言之,深度学习的实质是利用非线性信息处理和抽象层训练参数来进行有监督和无监督的特征学习,如图 8-5 所示。

深度学习是机器学习种类分支中的一种。大数据时代,人工智能是科技发展的必然方向,机器学习是正式打开人工智能大门的一把钥匙,也是必经途径。深度学习的本质源于对人类神经元的研究,起始于人工神经网络并不断发展出多种研究分支。例如包含有多个隐藏层的感知器就是一种深度学习结构。深度学习由浅到深结合了低级特征用以形成更多抽象的高级特征,从而发现数据的分布式特征表示。研究深度学习的目的是建立以人类大脑为核心的学习行为分析研究,包括由隐藏层和神经元组成的神经网络。深度神经网络如图 8-6 所示。假设需要分析人类情感、图片分类等,可通过各个隐藏层及层内的神经元模仿人类大脑的活动机制来进行数据解释并且在输出层输出最终结果。

图 8-5　深度学习

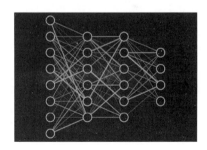
图 8-6　深度神经网络

深度学习本质上分为两方面内容,即学习样本数据的内在规律及其表示层次。学习过程中获得的信息序列对数据的处理或解释大有益处。学习方面的研究要有形地应用于特定领域并展现其价值与潜力。深度学习的最终目的为使智能体"人类化",即能够摒弃传统科技产品的弊端,延伸更高层次的技术,使智能体像人类一样能够具有自主学习能力,能够分析情感,与外部环境进行交互,识别图像、声音等。深度学习现阶段在语音和图像识别方面应用广泛,在医学领域(例如癌症筛查),在智能教育领域微表情分析(例如愤怒、悲伤)等技术都日趋成熟。

深度学习就具体研究内容而言主要涉及三个方面。

(1) 卷积神经网络:基于卷积运算,主要应用于计算机视觉方向的图像识别领域。

(2) 基于多层神经元的自编码神经网络:包括自编码(auto encoding)以及稀疏编码(sparse coding)。

(3) 深度置信网络(Deep Belief Networks,DBN):以多层自编码神经网络的方式进行预训练,进而结合鉴别信息进一步优化神经网络权值。

深度学习在计算机视觉、搜索技术、文本识别、推荐系统、数据预测、数据挖掘、机器学习、机器翻译、自然语言处理以及多媒体学习等其他相关领域中取得了众多成就。深度学习使机器能够模仿人类的活动,例如听觉、视觉和思维,并解决许多复杂的模式识别问题,从而在人工智能相关技术方面取得长足的进步并且在未来还存在可观的发展空间。

8.4 卷积神经网络

8.4.1 什么是卷积神经网络

20 世纪 60 年代,Hubel 和 Wiesel 提出了卷积神经网络这一概念,科研工作者在此基础上也提出了很多改进方法。卷积神经网络(Convolutional Neural Networks,CNN)本质为前馈神经网络(Feedforward Neural Networks,FNN),包含卷积计算且具有深度结构。卷积神经网络具有表征学习能力,根据阶层结构对输入数据进行平移不变分类,因此也被称为"平移不变人工神经网络(Shift-Invariant Artificial Neural Networks,SIANN)"。

卷积神经网络是近年发展起来的,由大数据的发展支撑起神经网络的训练规模,并被广泛采用的一种高效识别方法,并且已经成为众多科学领域的研究热点之一。其中一个亮点是在模式分类领域,数据的预处理是一件复杂棘手的事情,但卷积神经网络摒弃了对原始图像的前期预处理,采用直接输入原始图像的手法,因而得到了更为广泛的应用和更多专家学者的青睐。卷积神经网络的这种生物学和数学的相互结合使其已经成为计算机视觉领域最具影响力的创新之一。2012 年 Alex Krizhevsky 用卷积神经网络将分类错误率降低了 11 个百分点,一举拿下 ImageNet 竞赛的冠军,如此傲人的成绩使得从那之后许多公司一直在以深度学习为核心拓展业务,并且引起了很好的反响。例如,谷歌的照片搜索、亚马逊的产品推荐。

8.4.2 卷积神经网络的体系结构

卷积神经网络由一个输入层、一个输出层和中间的多个隐藏层组成,如图 8-7 所示。

最常见的四个操作是:卷积、非线性处理(ReLU)、池化以及分类(全连接层)。操作通过隐藏层得以实施,其目的在于学习数据特征。下面具体介绍卷积神经网络的体系结构,如图 8-8 所示。

输入层(input layer):该层接收原始的图像数据,通常是像素值。

卷积层(convolutional layer):主要功能是处理初始的输入数据并对其进行特征提取,卷积层内部包含多个卷积核,卷积核组成元素都存在相应的权

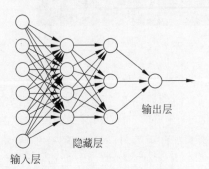

图 8-7 卷积神经网络示意图

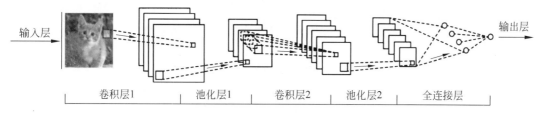

图 8-8　卷积神经网络的体系结构

重系数和偏差量(bias vector),类似于前馈神经网络的神经元(neuron)。

卷积层存在三个参数:核大小、步长、填充。这三者共同决定卷积层输出特征图像的尺寸,是卷积神经网络的超参数。其中,卷积核大小可以指定为小于输入图像尺寸的任意值并且卷积核与提取数据特征的复杂性呈正相关性。卷积步长定义了卷积核相邻两次扫过特征图时位置的距离,卷积步长为 1 时,卷积核会逐个扫过特征图的元素,步长为 N 时会在下一次扫描时跳过 $N-1$ 像素。卷积层的堆叠与特征图的尺寸呈现反相关性。填充是一种在特征图通过卷积内核之前人为主观地进行增加其大小以用于抵消计算中尺寸缩小的影响的方法。卷积层中包含(激活函数通常出现在卷积操作和池化操作之间)以用于处理复杂性特征的表达,激活函数主要指线性整流函数,它将矩阵中存在的所有负数全部赋值为零而正数维持原有状态。

池化层(pooling layer):在卷积层提取特征后,输出特征图将被传输到池化层以进行特征选择和信息过滤。池化层包含一个预设的池化功能,其功能是将特征图中单点的结果替换为其相邻区域的特征图统计信息。通常有两种合并方法:其一是最大合并,即从子矩阵中取最大值;其二是平均合并,即取平均值。

全连接层(fully connected layer):全连接层的每一个节点都与上一层的所有节点相连,用来把前边提取到的特征综合起来。由于其全相连的特性,一般全连接层的参数也是最多的,其功能类似于分类器。通过卷积、激活函数、池化等深度网络后,再经过全连接层对结果进行最终的处理,例如图像分类问题中的识别与分类。

输出层(output layer):输出分类结果,其上层通常是全连接层,因此其结构与工作的本质原理与之前传统前馈神经网络中的输出层相比并无二致。

在从训练好的网络结构的输入层到输出层的转换过程中,输入的图像将会从初始输入的像素值最终转换为分类结果。目前,许多不同的卷积神经网络体系结构已经被提出,这是目前活跃的研究领域之一。模型的准确性和健壮性取决于许多因素,如结构层数(深度)、隐藏层类型、激活函数的选择、参数训练以及各个层的功能等。

卷积神经网络的本质是一种从输入到输出之间的映射,它可以通过训练参数来学习输入到输出之间的映射关系,并且不需要输入和输出之间的任何精确数学表达式,只要用已知的模式对卷积网络加以训练,网络就具有输入输出对之间的映射能力。

卷积神经网络一个非常重要的特点就是输入权值越小,输出权值越多,其呈现为倒三角形态,因此,很好地避免了 BP 神经网络中反向传播的梯度损失过快的问题。

卷积神经网络主要用于识别具有位移、缩放和其他形式的二维图形。由于卷积神经网络的特征检测层是通过训练参数进行学习的,因此在使用卷积神经网络时规避了显式特征提取。它会从训练数据中进行隐式学习,而且,由于同一特征映射表面上神经元的权重相同,所以,网络可以并行学习,这也是卷积神经网络在神经元相互连接的网络上的一个重要优势。在语音识别和图像处理方面具有局部共享特殊结构的神经网络的卷积权重具有其独特的优势,其布局更接近真实的生物神经网络,权重共享降低了网络的复杂性,尤其是多维网络输入向量图像可以直接输入该特征,避免了数据在特征提取和分类过程中的复杂性。

 ## 8.5 使用单层神经网络建立图像分类器

TensorFlow 是谷歌(Google)公司开源的一款人工智能学习系统。TensorFlow 的特点是可以支持多种设备,大到 GPU、CPU,小到平板计算机和手机都可以运行 TensorFlow。而且TensorFlow 的使用很方便,几行代码就可以开始运行模型,这让神经网络的入门变得非常简单。

提示:

> TensorFlow 是一个开源的、基于 Python 的机器学习框架,并在图形分类、音频处理、推荐系统和自然语言处理等场景下有着丰富的应用,是目前最热门的机器学习框架。除了 Python,TensorFlow 也提供了 C/C++、Java、Go、R 等其他编程语言的接口。

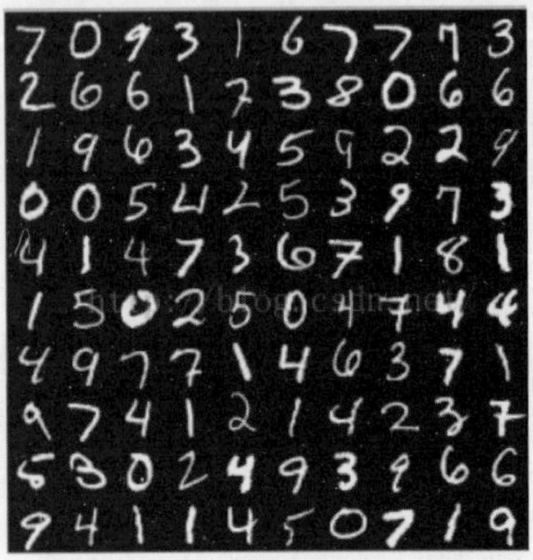

图 8-9　MNIST 数据集

下面使用 MNIST 数据集来构建单层神经网络系统。MNIST 数据集是一个大型的手写数字(0～9)数据集,也是入门学习经常使用的经典数据集,如图 8-9 所示。

该数据集包含大小为 28×28 的图片 7 万张,其中有 6 万张训练图片、1 万张测试图片。其中包含如下四个文件:

train-images-idx3-ubyte:60 000 个图片样本;

train-labels-idx1-ubyte:上述 60 000 个图片对应的数字标签;

t10k-images-idx3-ubyte:用于测试的样本;

t10k-labels-idx1-ubyte:测试样本对应的数字标签。

本程序的目标是建立一个分类器,可以正确地识别每个图像中的数字。

程序 8.2　使用单层神经网络建立图像分类器

```
1:    import argparse
2:    import tensorflow as tf
3:    from tensorflow.examples.tutorials.mnist import input_data
4:
5:    def build_arg_parser():
6:        parser = argparse.ArgumentParser(description = 'Build a classifier using
7:        MNIST data')
8:        parser.add_argument('--input-dir', dest = 'input_dir', type = str,
9:               default = './mnist_data', help = 'Directory for storing data')
10:       return parser
11:
12:   if __name__ = = '__main__':
```

```
13:        args = build_arg_parser().parse_args()
14:        mnist = input_data.read_data_sets(args.input_dir, one_hot = True)
15:
16:        x = tf.placeholder(tf.float32, [None, 784])
17:        W = tf.Variable(tf.zeros([784, 10]))
18:        b = tf.Variable(tf.zeros([10]))
19:        y = tf.matmul(x, W) + b
20:
21:        y_loss = tf.placeholder(tf.float32, [None, 10])
22:        loss = tf.reduce_sum(tf.nn.softmax_cross_entropy_with_logits(logits = y,
23:          labels = y_loss))
24:        optimizer = tf.train.GradientDescentOptimizer(0.5).minimize(loss)
25:
26:        init = tf.initialize_all_variables()
27:        session = tf.Session()
28:        session.run(init)
29:
30:        num_iterations = 1600
31:        batch_size = 90
32:        for _ in range(num_iterations):
33:          x_batch, y_batch = mnist.train.next_batch(batch_size)
34:          session.run(optimizer, feed_dict = {x: x_batch, y_loss: y_batch})
35:
36:        predicted = tf.equal(tf.argmax(y, 1), tf.argmax(y_loss, 1))
37:        accuracy = tf.reduce_mean(tf.cast(predicted, tf.float32))
38:        print('\nAccuracy = ', session.run(accuracy, feed_dict = {
39:            x: mnist.test.images,
40:            y_loss: mnist.test.labels}))
```

输出：

```
Extracting ./mnist_data\train-images-idx3-ubyte.gz
Extracting ./mnist_data\train-labels-idx1-ubyte.gz
Extracting ./mnist_data\t10k-images-idx3-ubyte.gz
Extracting ./mnist_data\t10k-labels-idx1-ubyte.gz

Accuracy = 0.8947
```

分析：首先导入 TensorFlow 软件库，并从 TensorFlow 中导入 MNIST 数据集。接着定义 build_arg_parser() 函数来解析输入数据。然后定义主函数并解析输入数据，提取 MNIST 图像数据。one_hot 标志指定在标签中使用 one-hot 编码。这意味着如果有 n 个类，那么给定数据点的标签将是一个长度为 n 的数组。这个数组中的每个元素都对应一个特定的类。要指定一个类，对应索引处的值将被设置为 1，其他值都为 0。数据库中的图像大小是 28×28，需要把它转换为一个一维数组来创建输入层，然后创建一个带有权重 W 和偏差 b 的单层神经网络。数据库中有 10 个不同的数字。输入层神经元数为 $784(28 \times 28)$，输出层神经元数为 10。接着创建一个用于训练的方程 $y = Wx + b$。接下来，定义损失函数和梯度下降优化器。初始化所有变量，创建一个 TensorFlow 会话并运行它。接着开始进行训练，指定迭代次数为 1200 次，每次迭代训练 90 个图像。在当前批图像上运行优化器来训练图像分类器，然后在下一次迭代中再用下一批图像进行训练。最后在训练结束后,使用测试数据集计算精度。

　　在运行该程序时,会将 MNIST 数据集自动下载到当前名为 mnist_data 的文件夹中,这是默认选项。如果想要更改数据集的位置,可以使用 input 参数。一旦运行代码,将会在终端上看到如上输出。它会提取四个压缩包中的图片数据,并用来进行训练和测试。程序的运行结果显示,使用单层神经网络建立的图像分类器的精度是 89.47%。

8.6　使用卷积神经网络建立图像分类器

29 强化学习
与深度学习 3

　　8.5 节中使用单层神经网络构建的图像分类器性能并不是很好,它只在 MNIST 数据集上获得了 89.47% 的精确度。接下来使用卷积神经网络来达到更高的精度。本程序使用相同的数据集来构建一个图像分类器,但将采用卷积神经网络代替单层神经网络。

程序 8.3　使用卷积神经网络建立图像分类器

```python
1:   import argparse
2:   import tensorflow as tf
3:   from tensorflow.examples.tutorials.mnist import input_data
4:
5:   def build_arg_parser():
6:       parser = argparse.ArgumentParser(description = 'Build a CNN classifier \
7:           using MNIST data')
8:       parser.add_argument('--input-dir', dest = 'input_dir', type = str,
9:           default = './mnist_data', help = 'Directory for storing data')
10:      return parser
11:
12:  def get_weights(shape):
13:      data = tf.truncated_normal(shape, stddev = 0.1)
14:      return tf.Variable(data)
15:
16:  def get_biases(shape):
17:      data = tf.constant(0.1, shape = shape)
18:      return tf.Variable(data)
19:
20:  def create_layer(shape):
21:      W = get_weights(shape)
22:      b = get_biases([shape[-1]])
23:      return W, b
24:
25:  def convolution_2d(x, W):
26:      return tf.nn.conv2d(x, W, strides = [1, 1, 1, 1],
27:                  padding = 'SAME')
28:
29:  def max_pooling(x):
30:      return tf.nn.max_pool(x, ksize = [1, 2, 2, 1],
31:          strides = [1, 2, 2, 1], padding = 'SAME')
32:
33:  if __name__ == '__main__':
34:      args = build_arg_parser().parse_args()
```

```
35:        mnist = input_data.read_data_sets(args.input_dir, one_hot = True)
36:
37:        x = tf.placeholder(tf.float32, [None, 784])
38:        x_image = tf.reshape(x, [-1, 28, 28, 1])
39:
40:        W_conv1, b_conv1 = create_layer([5, 5, 1, 32])
41:        h_conv1 = tf.nn.relu(convolution_2d(x_image, W_conv1) + b_conv1)
42:        h_pool1 = max_pooling(h_conv1)
43:
44:        W_conv2, b_conv2 = create_layer([5, 5, 32, 64])
45:        h_conv2 = tf.nn.relu(convolution_2d(h_pool1, W_conv2) + b_conv2)
46:        h_pool2 = max_pooling(h_conv2)
47:
48:        W_fc1, b_fc1 = create_layer([7 * 7 * 64, 1024])
49:        h_pool2_flat = tf.reshape(h_pool2, [-1, 7 * 7 * 64])
50:        h_fc1 = tf.nn.relu(tf.matmul(h_pool2_flat, W_fc1) + b_fc1)
51:
52:        keep_prob = tf.placeholder(tf.float32)
53:        h_fc1_drop = tf.nn.dropout(h_fc1, keep_prob)
54:
55:        W_fc2, b_fc2 = create_layer([1024, 10])
56:        y_conv = tf.matmul(h_fc1_drop, W_fc2) + b_fc2
57:
58:        y_loss = tf.placeholder(tf.float32, [None, 10])
59:        loss = tf.reduce_sum(tf.nn.softmax_cross_entropy_with_logits(
60:                        logits = y_conv, labels = y_loss))
61:        optimizer = tf.train.AdamOptimizer(1e-4).minimize(loss)
62:
63:        predicted = tf.equal(tf.argmax(y_conv, 1), tf.argmax(y_loss, 1))
64:        accuracy = tf.reduce_mean(tf.cast(predicted, tf.float32))
65:
66:        sess = tf.InteractiveSession()
67:        init = tf.initialize_all_variables()
68:        sess.run(init)
69:
70:        num_iterations = 2100
71:        batch_size = 75
72:        print('\nTraining the model....')
73:        for i in range(num_iterations):
74:            batch = mnist.train.next_batch(batch_size)
75:            if i % 50 == 0:
76:                cur_accuracy = accuracy.eval(feed_dict = {
77:                    x: batch[0], y_loss: batch[1], keep_prob: 1.0})
78:                print('Iteration', i, ', Accuracy = ', cur_accuracy)
79:
80:            optimizer.run(feed_dict = {x: batch[0], y_loss: batch[1],
81:                            keep_prob: 0.5})
82:
83:        print('Test accuracy = ', accuracy.eval(feed_dict = {
84:            x: mnist.test.images, y_loss: mnist.test.labels,
85:            keep_prob: 1.0}))
```

输出：

```
Extracting ./mnist_data\train-images-idx3-ubyte.gz
Extracting ./mnist_data\train-labels-idx1-ubyte.gz
Extracting ./mnist_data\t10k-images-idx3-ubyte.gz
Extracting ./mnist_data\t10k-labels-idx1-ubyte.gz

Training the model....
Iteration0, Accuracy = 0.17333333
Iteration100, Accuracy = 0.7866667
Iteration200, Accuracy = 0.8933333
Iteration300, Accuracy = 0.93333334
Iteration400, Accuracy = 0.94666666
Iteration500, Accuracy = 0.97333336
Iteration600, Accuracy = 0.94666666
Iteration700, Accuracy = 0.93333334
Iteration800, Accuracy = 0.97333336
Iteration900, Accuracy = 0.96
Iteration1000, Accuracy = 0.94666666
Iteration1100, Accuracy = 0.94666666
Iteration1200, Accuracy = 0.97333336
Iteration1300, Accuracy = 0.96
Iteration1400, Accuracy = 0.94666666
Iteration1500, Accuracy = 0.97333336
Iteration1600, Accuracy = 1.0
```

分析： 开始卷积网络之前，先做两个函数定义，用来初始化权值。get_weights()函数和 get_biases()函数用来实现该功能。这里卷积使用 1 步长(stride size)、0 边距(padding size)的模板，并且要保证输出和输入大小相同。池化用简单传统的 2×2 大小的模板做最大值池。convolution_2d()函数和 max_pooling()函数用于实现该功能。定义了卷积方式之后，就可以来实现卷积神经网络的第一层了，它是由一个卷积接一个池化来完成的。卷积在每个 5×5 的数据块中算出 32 个特征，卷积的权重张量形状是[5，5，1，32]，前两个维度是数据块大小，接着是输入的通道数目，最后是输出的通道数目。同时每个通道还有一个偏置量。为了构建一个更深的网络，会把几个类似的层堆叠起来。第二层中，每个 5×5 的数据块会得到 64 个特征。现在，图片尺寸减小到 7×7 大小，加入一个有 1024 个神经元的全连接层，用于处理整个图片。把池化层输出的张量以向量的形式重新表示，乘以权重矩阵，加上偏置，然后对其使用 ReLU。为了减少过拟合，在输出层之前加入 dropout 层(dropout 是神经网络用来防止过拟合的一种方法)。用一个占位符来代表一个神经元的输出在 dropout 中保持不变的概率，这样可以在训练过程中启用 dropout，在测试过程中关闭 dropout。TensorFlow 的 tf.nn.dropout 操作除了可以屏蔽神经元的输出外，还会自动处理神经元输出值的范围。所以用 dropout 时可以不用考虑范围。最后定义与数据集中的 10 个类对应的 10 个输出神经元的输出层，计算并输出。

运行代码，会得到如上输出。每迭代 100 次打印一次精度，会看到随着迭代次数的增加，精确度会越来越高，直到 1。可以看出，使用卷积神经网络构造的图像分类器的精度远高于简单神经网络。

8.7　小结

本章介绍了什么是强化学习和深度学习。了解了强化学习的基本概念和原理以及它与监督学习的区别,并通过一个案例加深了对强化学习的认识。在深度学习中,讲解了卷积神经网络的基本概念和体系结构。最后通过使用单层神经网络和卷积神经网络分别构造了图像分类器,并通过比较了解了卷积神经网络识别分类的精确度更高。

 习题

1. 说说监督机器学习和无监督机器学习之间的区别。
2. 列举几个生活中强化学习的例子。
3. 什么是过拟合? 避免过拟合都有哪些措施?
4. 简述机器学习和深度学习的区别。
5. 修改本章中的程序8.2和8.3,如更改数据集或者调整参数进一步比较两者的差异性。

第8章
第5题
解析

第**9**章

区 块 链

本章主要介绍区块链的相关知识。首先介绍区块链技术的相关概念,接着讲解人工智能与区块链之间千丝万缕的关系,然后介绍如何使用人工智能技术对区块链进行进一步优化,最后介绍一个应用实例。即使用朴素贝叶斯通过预测事务来预测存储水平,从而达到优化供应链管理(SCM)区块链中的区块的目的。

学完本章后,你将会了解:

- 区块链概述;
- 人工智能与区块链;
- 在区块链过程中使用朴素贝叶斯;
- 案例:使用朴素贝叶斯优化区块链。

30 区块
链 1

9.1 区块链概述

9.1.1 区块链的起源与发展

区块链起源于比特币。2008 年 11 月 1 日,一位自称中本聪(Satoshi Nakamoto)的人发表

图 9-1 区块链

了一篇名为《比特币:一种点对点的电子现金系统》的文章,如图 9-1 所示,阐述了基于 P2P 网络技术、加密技术、时间戳技术、区块链技术等的电子现金系统的构架理念,这标志着比特币的诞生。该理论在两个月之后投入实际应用。正是因为这个决定,序列号为 0 的世界上第一个创世区块诞生了,时间是 2009 年 1 月 3 日。此后又相继出现了序列号为 1 的创世区块并与前者相连,从而形成了一条链,这标志着区块链的诞生。

大数据时代区块链技术受到广泛重视。区块可简单地看作是为存储空间单元来记录重要信息的数据结构。每个区块通过随机哈希(也称为哈希算法)链接,后一块包含前一块的哈希值。随着信息交换和信息交流的扩展,一个块和一个块相继连接,产生的结果称为区块链,如图 9-2 所示。

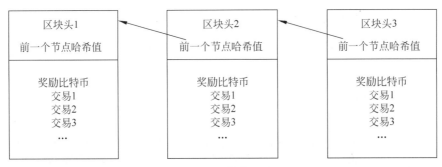

图 9-2　区块的链接

区块链是分布式数据存储结构的一项计算机新技术。它本质上是一个分散的数据库。同时,作为比特币流通的底层技术手段,它是一串与密码学相关联所产生的被加密的数据块。数据块包含一批次的比特币交易的相关信息,用于验证信息的有效性并且产生下一个块。

在区块链的概念被提出后,几年时间内,区块链已经成为电子货币——比特币的核心组成部分,即作为所有交易的公共账簿。通过利用点对点网络和分布式时间戳服务器,区块链数据库能够进行自主管理。为比特币而发明的区块链使它成为第一个解决重复消费问题的数字货币。比特币的设计思想已经成为开发其他应用程序的灵感来源。

2014 年,"区块链 2.0"成为引起广泛重视的名词。其最为出众的是更精确、更智能的协议。当利润达到一定水平时,可以通过完成运输订单或分享证书以取得收益。区块链 2.0 技术跳过交易这一步骤与"价值交换中对金钱和交易信息承担仲裁责任的第三方机构"。它被用于使人们远离全球化经济、保护隐私,更使人们能够"将自身拥有的信息以同等的价值转换为货币",并具有确保知识产权所有者受益的能力。区块链 2.0 技术不仅有能力实现存储个人的"永久性数字身份证和图像",还可以为"潜在的社会财富分配"不平等提供解决方案。

2016 年 12 月 20 日,数字货币联盟——中国金融科技数字货币联盟和金融科技研究院正式成立。2019 年 3 月,国家外汇管理局推出跨境金融区块链服务平台,助推中小企业跨境应收账款质押融资,这是第一个国家机关在国家互联网信息办公室进行备案的区块链平台。2020 年 7 月,中国人民银行上海总部公示了上海金融科技创新监管试点首批创新应用,其中包括"基于区块链的小微企业在线融资服务"等区块链应用。中国农业银行、中国建设银行、微众银行等机构也布局了区块链应用场景。2020 年 7 月 22 日,中国人民银行下发《推动区块链技术规范应用的通知》及《区块链技术金融应用评估规则》,这是国内首次由最高权威机构颁发的区块链相关规范文件。文件要求金融机构建立健全区块链技术应用风险防范机制,定期开展外部安全评估,推动区块链技术在金融领域的规范应用,开展区块链技术应用的备案工作。

目前,区块链技术研究已经进入重点攻关与密集创新阶段。其一是,围绕区块链核心技术,如区块链的核心技术,包括体系结构、网络理论、新型共识理论、区块链安全体系、监管体系等基础理论进行深入研究与技术突破。其二是,围绕区块链进行应用类平台的研发。如利用区块链技术进行社会治理,包括数字身份、社会征信体系、司法区块链等;区块链用于教育治理,包括众创作品的共享与认证;区块链用于知识产权、医疗健康等领域,可以支撑面向知识产权的确权、追溯、交易等,以及医疗领域中的传染病防治、电子病历共享、药品溯源等。

9.1.2 区块链的类型与特征

1. 区块链的类型

(1) 公共区块链(public block chain)。公共区块链是最早的区块链,也是使用最广泛的区块链。比特币系列的主要数字货币都基于公共区块链。世界上只有一种与这种货币相对应的区块链。

(2) 联合(行业)区块链(consortium block chain)。多个预选节点被指定为一组比特币交易中的簿记员。每个块由所有预选节点共同生成,其中预选节点参与共识过程,其他访问节点可以参与交易,但不干预预账的过程(本质上是托管簿记,只是采用分布式记账的手法,预选节点数量、确定每个块的簿记员承担该区块链的主要风险点)。任何其他人都可以通过区块链的开放接口进行限定查询。

(3) 私有区块链(private block chain)。仅使用区块链的总账技术进行簿记。它可以是公司或个人,且具有对区块链写入权限的唯一访问权。该链与其他分布式存储方案没有太大不同。传统金融希望试验私有区块链,而比特币等公有区块链的应用已产业化。目前,私有区块链的应用产品仍在探索中。

2. 区块链的特征

(1) 去中心化。区块链技术不依赖于附加的第三方管理或硬件设施,没有中央控制。除了自成一体的区块链本身之外,通过分布式计费和存储,每个节点实现了信息的自我验证、传输和管理。去中心化是区块链最突出的本质特征。

(2) 透明性。区块链技术基础是开源的,除了交易各方的私有信息被加密外,区块链的数据对所有人开放。任何人都可以通过公开的接口查询区块链数据和开发相关应用,因此整个系统信息呈现高度透明,也正是以信任为交互基础伴随着这种透明性才能够避免一些信息造假和人为干预。

(3) 独立性。基于协商一致的规范和协议(类似比特币采用的哈希算法等各种数学算法),整个区块链系统不依赖其他第三方,所有节点能够在系统内自动安全地验证、交换数据,不需要任何人为的干预。

(4) 安全性。只要不能掌控全部数据节点的51%,就无法肆意操控修改网络数据,这使区块链本身变得相对安全,避免了主观人为的数据变更。

(5) 匿名性。除非有法律规范要求,单从技术上来讲,各区块节点的身份信息不需要公开或验证,信息传递可以通过匿名的方式进行。

9.1.3 区块链架构模型

区块链系统架构主要以层次结构为主,由底层开始依次包括数据层、网络层、共识层、激励层、合约层、应用层,如图9-3所示。

(1) 数据层。高相关性、高保密性。封装了基层数据信息、数据结构、时间戳及与数据保密相关的一系列信息与其他相关信息。

(2) 网络层。细化为三部分。主体由数据传输机制、点对点网络机制(P2P)与数据验证机制共同构成。

(3) 共识层。封装网络节点信息以及各种相关算法。

（4）激励层。将经济学与人工智能区块链技术相结合,包括经济激励的发行机制和分配机制两大组成部分。

（5）合约层。封装代码脚本、算法流程与智能合约。

（6）应用层。封装了各种外部环境的应用场景和相关重要的区块链案例。

该模型中最具代表性的创新点是基于时间戳的链块结构、分布式节点的一致性机制、基于一致性计算能力的经济激励以及灵活可编程的智能契约。

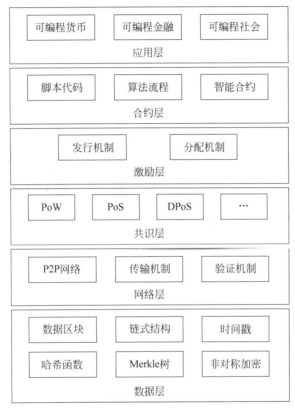

图 9-3　区块链架构模型

9.1.4　区块链核心技术

1. 分布式账本

分布式账本指交易由不同地点的多个节点所记录,每个节点都有一个完整的账户记录所有交易,这样各节点就可以参与监控交易的合法性并且为其作证。

与传统的分布式存储不同,区块链的分布式存储的特点主要体现在两点:第一点是区块链的每个节点根据区块链结构存储完整的数据,传统的分布式存储通常将数据划分并且根据某些规则分为多个部分进行存储;第二点是区块链技术的各个节点独立,重要性相同。区块链根据共识机制来保证信息存储的一致性。单个记账者存在被控制和被贿赂的可能性,区块链技术保证没有单个节点可以单独地记录帐户数据,从而避免了单个记账者记录虚假账户的可能。由于节点数量足够,因此在理论上,除非所有的节点都被销毁,不然账户将不会丢失,从而确保会计数据的安全。

2. 非对称加密

区块链上存储的交易资料是公开的,但账户资料是高度加密的,只有在资料拥有者授权的情况下才可存取,从而确保信息的安全以及个人的私隐。

3. 共识机制

共识机制指的是如何在所有节点之间达成共识从而确定记录的有效性,这不仅是识别信息的手段,也是防止篡改信息的手段。外部环境存在不确定性和可变性,区块链依据外部环境状态提出了相对应的四种共识机制以维持平衡效率和安全性。区块链的共识机制具有"少数服从多数""人人平等"的特点。其中,"少数服从多数"指节点数、计算能力、净资产或其他计算机可进行比较。"人人平等"是指当一个节点满足条件时,所有节点都有权对共识结果给予优先权,该共识结果会被其他节点直接识别,并有可能成为最终的共识结果。当有足够的节点加入区块链时,区块链技术在任意节点上是很难被恶意篡改或者伪造记录的,从而消除了欺诈的可能性。

4. 智能合约

智能合约基于可信的、防篡改的数据信息,可以自动执行预定义的规则和条款。以保险为例,如果每个人的信息(包括医疗信息和风险发生信息)都是真实可信的,那么在某些标准化保险产品中就可以很容易地执行自动理赔。在保险公司的日常业务中,对可靠数据的依赖是有增无减的,虽然不像银行业和证券业那样频繁。因此,区块链技术从数据管理的角度可以有效地帮助保险公司提高风险管理能力。具体来说,主要包括投保人的风险管理和保险公司的风险监管。

9.1.5 区块链应用

1. 金融领域

区块链在国际交易、信用证、股权登记和证券交易所等金融领域具有巨大的潜在应用价值。区块链技术在金融行业的应用使金融体系可以消除第三方中间环节,实现直接的点对点连接,从而在快速完成交易支付的同时也极大地降低了交易成本。例如,Visa 推出了基于区块链技术的 Visa B2B Connect,可以为机构提供成本更低、更快、更安全的跨境支付方式来处理全球企业对企业交易。要知道传统的跨境支付需要等 3~5 天,并为此支付 1%~3% 的交易费用。Visa 还与 Coinbase 一起推出了第一张比特币借记卡,花旗银行在区块链上测试了加密货币"花旗币"。

2. 物联网和物流领域

区块链也可以很自然地结合到物联网和物流领域。区块链可以降低物流成本,跟踪物品的生产和交付过程,并提高供应链管理的效率。该领域被认为是区块链的一个很有前途的应用方向。

通过区块链连接的分散网络的分层结构可以实现整个网络中信息的全面传输,并且可以检查信息的准确性。该功能在一定程度上提高了物联网交易的便利性和智能性。区块链+大数据解决方案采用大数据自动过滤模式,在区块链中建立信用资源,可以双重提高交易安全性,提高物联网交易的便利性,为智能物流模式的应用节省时间和成本。区块链节点具有非常自由的访问能力,并且可以独立参与或离开区块链系统,而不会干扰整个区块链系统。区块链＋大数据的解决方案利用大数据的整合能力,促进物联网基础用户的扩展指向性,这有利于在智能物流的分散用户之间进行用户扩展。

3. 数字版权领域

通过区块链技术,可以对作品进行身份鉴别来证明文本、视频和音频等作品的存在,并可以保证作品所有权的真实性和唯一性。在区块链上确认之后,将实时记录后续交易以实现数字版权的全生命周期管理,也可以用作司法取证的技术保障。例如,美国纽约的初创公司Mine Labs 已经开发了一个基于区块链的元数据协议——一个叫作 Mediachain 的系统,它使用 IPFS 文件系统来保护数字作品的版权,主要用于数字图像的版权保护应用。

4. 公益领域

存储在区块链上的数据是高度可靠的,不能被篡改的,并且自然适用于社会福利场景。公益过程中的相关信息,如捐赠项目、资金募集细节、资金流向、受益人反馈等,可以存储在区块链上,并有条件地进行公开公告,以方便社会监督。

可见,区块链具有广泛的应用场景。图 9-4 所示为区块链的常见应用。

图 9-4 区块链的常见应用

9.2 人工智能与区块链

31 区块链2

近年来,作为新兴技术的区块链技术和人工智能(AI)技术受到了广泛的青睐。随着区块链和人工智能技术的齐头并进,越来越多的人开始关注两者融合发展的可能性,如图 9-5 所示。下面简单介绍区块链和人工智能之间的关系。

区块链本质上是一个去中心化的分布式账本数据库。区块链系统中,每个节点通过共识机制相互信任,不再需要中介机构。数据记录以时间线形式同步储存到各个节点,公开透明且难以篡改。人工智能使智能机器和计算机程序能够以人类智能的方式来学习和解决问题,包括自然语言处理和翻译、视觉感知和模式识别、决策等。

区块链专注于保存记录、认证和执行准确,人工智能则促进决策、评估和理解特定的模式和数据集从而进行自主交互。区块链和人工智能具有以下三个主要共同特征和需求。

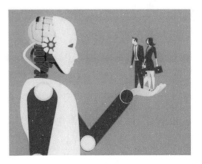

图 9-5 区块链与人工智能

(1) 数据共享。各节点间高效的数据共享是分布式数据库的一个重要特点。而人工智能需要大数据,尤其依赖数据共享,可供分析的开放数据越多,机器的预测和评估越准确,生成的算法也更可靠。

(2) 安全性。区块链承载大规模和高价值交易时,对网络安全性有极高需求,这可以通过相关协议和技术手段不断提升。人工智能对机器自主性控制也有很高的安全需求,要尽可能避免意外事件的发生。

(3) 信任。社会上各行各业间的交往都有各自的准则,而在区块链技术上信任就是节点交易的基础,也是交易和记录的前提。信任在网络上也存在既定的层次级别(信任度大小),不仅仅是在区块链技术上,各行各业乃至人类的发展、各国之间的交往,信任也是必不可少的基础与前提。

区块链如何助力人工智能呢?

(1) 区块链有助于人工智能获取更全面的数据。

全数字化世界面临的一个根本挑战是:盲人摸象,没有机构可以获得所有数据。即便是像阿里、腾讯、谷歌、亚马逊这样的互联网巨头,所能获取的也只是基于自身业务的有限数据。

区块链技术可以帮助机构打破"数据岛"模式,促进机构间数据的流动、共享和定价,形成自由开放的数据市场,并允许人工智能根据不同的用途和需求获取更全面的数据,真正变得"聪明"。

(2) 区块链有助于理解人工智能的决策。

有时,人类难以理解人工智能做出的决定。它们可以根据掌握的数据评估大量的变量,并且能够自主"学习",根据变量对实现的总体任务重要性进行决策。而对我们人类而言,很难预见到如此庞大的变量。

如果人工智能的决策是通过区块链记录的,那么就可以有效地跟踪和理解人工智能的决策,及时洞察它们的"思维",尽量避免一些违背设计初衷的决策,并在发生事故时迅速找到原因并加以纠正。同时,由于区块链记录不可被篡改,它还可以方便人们搜索和监督人工智能设备的记录,提高人们对人工智能的信任和接受。

反过来,人工智能又如何驱动区块链呢?

(1) 人工智能帮助区块链降低能耗。

众所周知,在区块链系统中,采矿是一项极其困难的任务,需要大量电力和金钱才能完成。人工智能则可以摆脱"蛮力"的挖矿方式,以一种更聪明、更高效的方式管理任务。现在,许多移动电话已经使用人工智能来优化功耗并改善系统性能。云计算、计算机视觉中也采用神经网络(模仿人类神经元)技术来节省能耗,节约资源。如果在区块链系统中实施类似的方法,它将大大降低矿工采矿硬件的成本和采矿所需的功耗。

(2) 人工智能辅助区块链检测欺诈。

人工智能已广泛应用于银行业和电子商务领域,它可以通过大量的"学习",轻而易举地发现和防止欺诈行为。当刷卡异常时,银行会自动发送短信提醒安全风险;当在线购物遇到假冒客户服务人员时,电子商务平台将自动提醒用户防止欺诈。区块链中的欺诈性交易并不少见。如果人工智能能够深入应用于区块链系统,那么对确保区块链的安全交易将大有裨益。

由于传统的技术手段已经无法解决人工智能发展的困难,因此技术人员与科研人员转向使用区块链技术。在数据中心化的前提下,数据的使用方式也缺乏透明性,当数据提供者无法对自己的数据进行有效管理时,很多人都选择不再进行数据分享。区块链就是答案。在链上,每一份数据的上传者、使用流向和成果都有迹可查,用户对数据拥有所有权和自主使用权。数据上传者还会收到使用方提供的数字加密货币作为补偿,当用户能够将自己产生的数据变现并可控制数据流向时,相信会有更多的人愿意提供相关数据。

人工智能和区块链可以说是技术领域的两个极端方面:一个是在封闭数据平台上培养集中式智能,另一个是在开放数据环境中推广去中心化应用程序。但是,两者具有互补的自然优势。人工智能为区块链提供了更强大的功能来扩展场景和数据分析,而区块链技术可以为人工智能提供高度可信的原始数据,以支持其持续的"深度学习"。

此外,业界还对使用人工智能协助编写智能合约产生了一些设想,这也是一个很好的探索方向。总之,尽管区块链和人工智能是两种不同的技术趋势,但两者通过优势互补迸发的巨大潜力依然值得去深入挖掘。

9.3 在区块链过程中使用朴素贝叶斯

32-1
区块链 3

在第 3 章中,介绍了朴素贝叶斯(Naive Bayes),因此在此不再做解释,直接通过一个例子来介绍如何在区块链过程中使用朴素贝叶斯。

服装工业中缝纫站的负荷以数量表示,以库存 Stock Keep Units(SKU)为单位。例如,有一产品 P,SKU 可以是此产品给定尺寸的牛仔裤。衣服一旦生产出来,就进入仓库。在这种情况下,区块链中的块可以用机器学习算法的两个有用特性来表示:

32-2
区块链 4

- 衣服存放的日期。
- 目前库存中衣服的总数量。

假设存在 $A \sim F$ 共六个位置的存储块,这些存储块构成了一个区块链网络,如图 9-6 所示。我们的目标是将给定产品的存储量均匀地分布在这六个位置上。这个区块链网络中的每个位置都是一个枢纽。供应链管理的中心通常是一个中间存储仓库。例如,要覆盖这六个位置,在每个位置都存储相同的产品。这样,当地的卡车就可以来取货了。

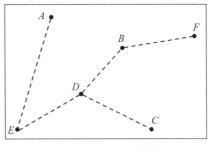

图 9-6　$A \sim F$ 存储块

假如需要在 A 点有一个可用的产品 P。从 A 点到 a_1 点(商店或家)的送货时间只需要几个小时。如果 A 点没有存储产品 P,那么消费者将不得不等待产品 P 从别的位置移动到 A。如果区块链网络组织良好,一个地点可以专门生产产品 P(最佳生产成本),并均匀地存储在六个地点上,包括它自己,那问题就可以很好地解决了。

这六个位置($A \sim F$)的所有仓库必须确保每个地点的最低储存水平。在实时生产和销售过程中,分销商需要预测产品需求,而系统是由需求驱动的。朴素贝叶斯可以解决此问题,它将考虑到前两个功能:

- DAY:衣服存放的日期。
- STOCK:目前库存中衣服的总数量。

然后它将添加一个新特征——与产品 P 相关的块数 BLOCK。在给定日期内大量的块意味着该产品在总体上有需求(生产、分销)。块越多,需求就越高。此外,如果存储水平(STOCK 特征)正在下降,这是一个指标,这意味着必须补充库存。日特征是产品的时间戳。

　　由于区块链由所有人共享,机器学习程序可以在几秒内访问可靠的全局数据。区块链提供的可靠的数据集促进了区块链的优化。

　　下面对在区块链过程中使用朴素贝叶斯算法进行分析。

Step 1　数据集

　　该数据集以序列的形式包含以前事件的原始数据,这使得它非常适合于预测算法。原始数据集如图 9-7 所示。

BLOCKS	STATUS
Blocks	No
Some_blocks	Yes
No_Blocks	Yes
Blocks	Yes
Blocks	Yes
Some_blocks	Yes
Blocks	Yes
No_Blocks	No
Blocks	Yes
No_Blocks	Yes

图 9-7　原始数据集

该数据集字段的具体含义如下。

- Blocks:表示在给定日期(30 天)内出现在区块链中包含产品 P 的块的数量。No 表示未找到大量块,Yes 表示已找到大量块。如果已经找到了块,这意味着在区块链附近的某个地方存在对该产品的需求。
- Some_blocks:表示已经找到了块,但是它们太稀疏,如果不对预测进行过拟合,就无法考虑它们。Yes 和 No 都将有助于预测。
- No_blocks:表示无,指没有找到块,即没有需求。

　　其目标是避免预测稀疏(Some_blocks)或缺失(No_blocks)产品的需求。这个例子试图为这个产品 P 的许多块预测一个潜在的 Yes。只有当预测 Yes 时,系统才能触发一个自动需求过程。

Step 2　频率

　　频率表可以提供更多信息,如图 9-8 所示。

STATUS:	No	No	No	Yes	Yes	Yes
	Some_blocks	No_Blocks	Blocks	Some_blocks	No_Blocks	Blocks
			1			
				1		
					1	
						1
						1
				1		
						1
		1				
						1
					1	
FREQUENCY	0	1	1	2	2	4

图 9-8　频率表

　　对于给定的产品 P(过去 30 天),每个特征(Blocks、Some_blocks 或 No_blocks)的 Yes 和 No 状态都按频率分组。

　　每个 No 特征和 Yes 特征的总和都在最后一行上。例如,Yes 和 No_Blocks 加起来等于 2。

　　通过图 9-8,可以得到以下信息:

- 样本总数=10。
- Yes 样本总数=8。
- No 样本总数=2。

Step 3 似然性

频率表可以计算得出,似然表是使用图9-8中的数据产生的,如图9-9所示。

Feature	No	Yes		
Some_block	0	2	2	0.2
No_Blocks	1	2	3	0.3
Blocks	1	4	5	0.5
	2	8		
	0.2	0.8		

图 9-9　似然表

图9-9包含下述统计数据。

- No=2,占20%=0.2。
- Yes=8,占80%=0.8。
- Some_blocks=2,占20%=0.2。
- No_blocks=3,占30%=0.3。
- Blocks=5,占50%=0.5。

Blocks代表了样本的重要情况(即需求),这意味着除了一些块之外,需求看起来还不错。

Step 4 朴素贝叶斯方程

现在的目标是将贝叶斯定理的每个变量表示为一个朴素贝叶斯方程,以获得对产品 P 有需求的概率,并触发区块链网络的购买需求。贝叶斯定理可以表示为

$$P(A|B) = \frac{P(B|A)P(A)}{P(B)}$$

- $P(\text{Yes}|\text{Blocks}) = P(\text{Blocks}|\text{Yes})P(\text{Yes})/P(\text{Blocks})$。
- $P(\text{Yes}) = 8/10 = 0.8$。
- $P(\text{Blocks}) = 5/10 = 0.5$。
- $P(\text{Blocks}|\text{Yes}) = 4/8 = 0.5$。
- $P(\text{Yes}|\text{Blocks}) = (0.5 \times 0.8)/0.5 = 0.8$。

从数据看,这种需求似乎可以接受。然而,其他的一些因素(通过其他区块勘探过程的运输可用性)也需要考虑进行来。

本实例显示了朴素贝叶斯方法的概念。为了实现该实例,需要使用 Scikit-learn 模块。Scikit-learn 是专门用于机器学习的 Python 开源框架,它实现了各种成熟的算法,并且易于安装和使用。

9.4 案例:使用朴素贝叶斯优化区块链

在本案例中,使用来自区块链的原始数据集,在程序的代码包中已经给出了该数据集,如图9-10所示。

每一行代表一个块。

- DAY:产品 P 存放的日期。
- STOCK:给定位置目前库存中产品 P 的总数量。

DAY	STOCK	BLOCKS	DEMAND
10	1455	78	1
11	1666	67	1
12	1254	57	1
14	1563	45	1
15	1674	89	1
10	1465	89	1
12	1646	76	1
15	1746	87	2
12	1435	78	2

图 9-10　程序所需数据集

- BLOCKS：包含给定位置产品 P 的块的数量。
- DEMAND=1：表示将触发一个购买块。
- DEMAND=2：表示暂时没有需求。

BLOCKS 中的块数量多，而 STOCK 中的块数量少，意味着需求高；相反，BLOCKS 中的块数量越少，而 STOCK 中的块数量越多，意味着需求越低。

然而，在某些情况下，当 STOCK 高而 BLOCKS 低时，有时 DEMAND 也等于 1。这就是为什么朴素贝叶斯只分析统计数据和学习如何预测，而在忽略实际条件概率的情况下不是那么有用。

下面通过一段程序来介绍如何使用朴素贝叶斯优化区块链。

程序 9.1　使用朴素贝叶斯优化区块链

```
1:    import numpy as np
2:    import pandas as pd
3:    from sklearn.naive_bayes import GaussianNB
4:
5:    df = pd.read_csv('data_BC.csv')
6:
7:    print("Blocks of the Blockchain: ")
8:    print (df.head())
9:
10:   X = df.loc[:,'DAY': 'BLOCKS']
11:   Y = df.loc[:,'DEMAND']
12:
13:   clfG = GaussianNB()
14:   clfG.fit(X,Y)
15:
16:   blocks = [[12,2345,12],
17:             [13,2034,50],
18:             [25,7789,4],
19:             [27,6789,4]]
20:
21:   prediction = clfG.predict(blocks)
22:
23:   print("\nBlocks for the prediction of the A-F blockchain: ")
24:   for i in range(4):
25:       print("Block #",i + 1, " Gauss Naive Bayes Prediction: ",prediction[i])
```

输出：

```
Blocks of the Blockchain:
    DAY  STOCK  BLOCKS  DEMAND
0   10   1455   78      1
1   11   1666   67      1
2   12   1254   57      1
3   14   1563   45      1
4   15   1674   89      1


Blocks for the prediction of the A-Fblockchain:
Block #1  Gauss Naive Bayes Prediction: 1
Block #2  Gauss Naive Bayes Prediction: 1
Block #3  Gauss Naive Bayes Prediction: 2
Block #4  Gauss Naive Bayes Prediction: 2
```

分析：首先导入相关库，从 CSV 格式的文件中加载数据，然后把前几行打印出来。接着把这个文件中的数据分成训练数据集 X 和 Y。定义一个高斯贝叶斯分类器，并使用训练数据集对这个分类器进行训练。训练完成之后，定义一些块数据，并使用这些块数据对训练好的模型进行测试。最后打印出测试结果。

在程序的输出中可以看到，在终端已经打印出了 CSV 文件中的前几行数据，并在下面打印出了预测输出。预测为 1 表示将触发 个购买块，预测为 2 表示暂时没有需求。

9.5 小结

通过本章的学习，了解了区块链的基础知识，并对人工智能与区块链的关系有了新的认识。区块链中可靠的块序列为无穷无尽的机器学习算法打开了大门。朴素贝叶斯可能是一种优化区块链块的实用方法，它通过学习数据集的独立特征来计算相关性并做出预测。

IBM、微软、亚马逊和谷歌等公司为云平台提供了一系列颠覆性的机器学习算法，这为市场或部门提供了一种平稳的方法，以及在短时间内在线设置区块链原型的能力。使用这种方法，可以在模型中输入一些真实的原型数据，或者使用 API 读取块序列。然后，能够将机器学习算法应用于这些可靠的数据集。

习题

1. 什么是区块链？简述你对区块链的认识。
2. 区块链和比特币有什么关系？
3. 区块链未来会应用到哪些领域？可以以教育领域为例，深入思考区块链的应用。
4. 区块链架构如何搭建？
5. 实践案例：使用朴素贝叶斯优化区块链。同时请读者思考，是否可以使用其他方法来优化区块链？读者可以自己尝试来解决。

第 10 章

人工智能算法

本章主要介绍人工智能算法。首先介绍启发式搜索算法。启发式搜索算法用于搜索整个解决方案空间以得到答案,搜索时使用启发式的方式进行。这种方式加快了处理速度,从而降低了得到解决方案的时间。其次,介绍具体的一些算法,包括遗传算法、模拟退火算法和蚁群算法等比较经典的算法。

本章学习后,将了解以下内容:

- 启发式搜索算法。
- 遗传算法。
- 模拟退火算法。
- 蚁群算法。

10.1　启发式搜索算法

何谓启发式搜索算法?在讲解它之前,先介绍状态空间搜索,因为启发式搜索算法就是在状态空间中的搜索。状态空间搜索对每一个可搜索的位置进行评估对比从而得到更好的选择,再从新选择的位置进行搜索直到找到理想的目标。状态空间搜索的本质特征就是对路径的搜索与查找,通俗来说,就是对问题求解的过程(初始状态到目标状态的路径寻找)。求解条件的不确定性与不完备性会造成问题求解的路径曲折,如求解的路径可选数量增多等。可能的路径构成的图称为状态空间。这个寻找的过程就是状态空间搜索。

最常用的状态空间搜索有两种,如图 10-1 所示。

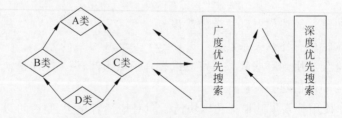

图 10-1　广度优先搜索和深度优先搜索

(1) 深度优先搜索:以顺序为原则进行查找直到找到目标停止。

（2）广度优先搜索：从初始进行层层搜索直到找到目标停止（相关知识可查阅数据结构教材）。

广度优先搜索与深度优先搜索算法受到状态空间大小的限制，而启发式搜索算法正好打破了这种限制。启发式搜索算法对比评估式的工作模式使其避免了大多数冗余的动作，大大提高了搜索效率。启发式搜索算法有很多种，但无论哪种形式的启发式算法，其位置对比评估的本质是不变的，不同的只是评价的手段。不同的评价手段产生不同的效果。类似神经网络中起到分析提取特征作用的激活函数，启发式搜索算法也存在其估价函数（评价标准）。其一般形式为

$$f(x) = g(x) + h(x)$$

其中：$g(x)$ 为从初始节点到节点 x 付出的实际代价；$h(x)$ 为从节点 x 到目标节点的最优路径的估计代价。启发性信息主要体现在 $h(x)$ 中，其形式要根据问题的特性来确定。

启发式搜索算法可以这样定义：一个基于直观或经验构造的算法，在可接受的花费（指计算时间和空间）下给出待解决组合优化问题每一个实例的一个可行解，该可行解与最优解的偏离程度一般不能被预计。其中一定要注意估价函数的定义很大程度上影响了算法是否能够找到最优解，这也是大多数学者采用启发式搜索算法最关心的问题之一。

启发式搜索算法打破了空间状态大小的桎梏，但是自身也存在一定的局限性。由于在每一次决策前提前预知状态空间的行为是有一定困难的，因此启发式搜索算法的最终结果度量也可能存在极其大的差异，有时通过算法可以得到理想的策略组合，有时也可能得到局部的最优解，当然，也有可能走入死胡同而无法找到理想的结果。搜索工作量与最佳路径寻找之间存在一定的反相关性，开发人员需要在搜索工作量与最佳路径寻找之间做出一定的取舍。

下面通过一个例子来大致了解一下启发式搜索算法和普通算法的区别：

（1）普通算法。假设 A 驾驶汽车去朋友家里参加聚会，那么普通算法应该表示为：沿167号高速公路往南行至 Puyallup；从 South Hill Mall 出口出来后往山上开 4.5km 会遇到一家食品商店，然后沿这个食品商店左转，直走 2.5km 后右转再直走 1.8km，会看见一个灰色的二层楼，开车行驶至房子的左边车库再从小门进入房子即可。

（2）启发式搜索算法。假设 A 驾驶汽车去朋友家里参加聚会，那么启发式搜索算法应该表示为：找出去年圣诞节邮到 A 家的信封，上面记录着邮件发出的地址（A 朋友家的地址），按照已知的地址行驶到 A 朋友生活的镇子，镇子的人都非常友好可爱，大家都互相认识并且熟知各自的地址。行驶到小镇内，A 可以询问每一个遇见的友好镇民，如果运气不好一路都没有遇见可以说话的人，那么 A 可以去公共设施拨打朋友家里的电话，他们接到电话后会来帮助接 A 进家门。

启发式搜索算法由来已久，很多研究学者在最初的算法上进行研究和改进，使其可以与自然社会、生物发展等领域相结合，已研究出很多更加高效的启发式搜索算法。较为熟知的主要有遗传算法、模拟退火算法等。

34-1 遗传
算法 1

▷▷▷ 10.2　遗传算法

1975 年，遗传算法的概念由 J. Holland 教授首次提出。遗传算法（Genetic Algorithm，GA）是模拟达尔文生物进化论的自然选择和遗传学机理的生物进化过程的计算模型，是一种通过模拟自然进化过程搜索最优解的方法。下面深入了解一下算法原理和运算过程，相关术

34-2 遗传
算法 2

语将在 10.2.2 节介绍。

10.2.1 遗传算法原理

遗传算法从代表具有潜在问题需要解决方案的种群开始,种群由通过基因编码的指定数量的个体组成。染色体承载着基因组序列,决定着生物性状的形成,其内部表达(即基因型)是决定个体性状表达的基因组合。例如,婴儿性别由男性 XY 染色体中的 Y 染色体决定,婴儿眼球的颜色由父母染色体中的基因决定。因此,需要从一开始就实现从表型到基因型的一种映射,即编码工作。原始种群是经过大自然多次的优胜劣汰准则演化出来的,随后的每一代进化与改变都是以问题域选择的适应度为依据条件,逐步产生更优解,并通过遗传算子进行交叉和突变来代表种群新的解集的产生。通过这种方式产生的次一代充分吸取了以往种群的优点并发展出更加适合外部环境的生存体制,通过迭代得出最后一代种群,进行解码得出问题的最优解。

10.2.2 相关生物学术语

- 染色体(chromosome):决定了个体的所有显性与隐性特征,是一个完备的基因库,在遗传算法中又称为基因型个体。个体构成群体且个体数量代表相应的群体量多少。
- 基因(gene):构成染色体的基本单位,个体的所有显性与隐性特征都由基因控制。
- 适应度(fitness):个体对外部环境的适应程度,引入适应度函数(个体在种群中的存在概率)对其进行量化解释。
- 选择(selection):以一定的概率从种群中选择若干个体。
- 交叉(crossover):两个不同的基因型个体以特定的断点方式交叉组合成新的个体,也称基因重组或杂交。
- 变异(mutation):复制时出错产生新的基因型个体表现出新的显性或隐性特征。
- 编码(coding):以一定模式对基因序列进行二进制赋值,可看作从表现型到基因型的映射。
- 解码(decoding):基因型到表现型的映射。

10.2.3 运算过程

遗传算法具有固有的隐式并行性和更好的全局优化能力。概率优化方法可以自动获取和引导优化的搜索空间,并自适应地调整搜索方向,无须任何确定的规则。

遗传算法的本质是求函数最大值的优化问题(求函数最小值也类同),一般可以描述为下列数学规划模型:

$$\begin{cases} \max f(X) \\ X \in R \\ R \subset U \end{cases}$$

式中,X 为决策变量;$\max f(X)$ 为目标函数式;$X \in R$、$R \subset U$ 为约束条件;U 是基本空间;R 是 U 的子集。满足约束条件的解 X 称为可行解,集合 R 表示所有满足约束条件的解所组成的集合,称为可行解集合。

遗传算法的基本运算过程如下。

(1) 初始化:设置进化代数计数器 $t=0$,设置最大进化代数 T,随机生成 M 个个体作为

初始群体 $P(0)$。

（2）个体评价：计算群体 $P(t)$ 中各个个体的适应度。

（3）选择运算：将选择算子作用于群体。选择的目的是把优化的个体直接遗传到下一代或通过配对交叉产生新的个体再遗传到下一代。选择操作是建立在群体中个体的适应度评估基础上的。

（4）交叉运算：将交叉算子作用于群体。遗传算法中起核心作用的就是交叉算子。

（5）变异运算：将变异算子作用于群体。即对群体中的个体串的某些基因座上的基因值做变动。群体 $P(t)$ 经过选择、交叉、变异运算之后得到下一代群体 $P(t+1)$。

（6）终止条件判断：若 $t=T$，则以进化过程中所得到的具有最大适应度个体作为最优解输出，终止计算。

图 10-2 是遗传算法流程。

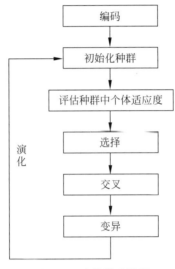

图 10-2　遗传算法流程

具体实现过程如下。

1．编码

遗传算法将问题空间的参数转换为由基因组成的染色体，将抽象因子以一种能够形象化的方式表示出来。常用的编码技术有二进制编码、浮点数编码、字符编码等。本章采用二进制 $\{0、1\}$ 编码方式表示问题，相对简单易懂。

2．初始化种群

初始种群是随机产生的。主要采用的方式有两种。

（1）根据客观掌握的解决目标问题的知识，以最优解为依据先进行范围设定，再进行之后的初始种群的选取。

（2）个体选择构成初始种群，顾名思义，在随机生成的个体中按优劣性进行排序然后择优而选构成固定数目的初始种群。

3．评估种群中个体适应度

适应度是个体对外部环境的适应能力程度。适应度函数是用来判断群体中的个体的优劣程度的指标,其设定的优劣程度将很大程度上影响遗传算法的性能。适应度函数是根据所求问题的目标函数进行评估的。适应度函数要对比优劣度排序并在此基础上计算选择概率。具体应用中,适应度函数的设计要结合求解问题本身的要求而定。

4. 选择

从群体中选择优胜的个体、淘汰劣质个体的操作叫作选择。选择算子有时又称为再生算子(reproduction operator)。选择的目的是把优化的个体(或解)直接遗传到下一代或通过配对交叉产生新的个体再遗传到下一代。选择操作是建立在群体中个体的适应度评估基础上的。

目前常用的选择算子有轮盘赌选择法(roulette wheel selection)、随机遍历抽样法等。其中,最常用、最简单的是轮盘赌选择法。在该方法中,各个个体的选择概率和其适应度值成比例。设群体大小为 n,其中个体 i 的适应度为 f_i,则 i 被选择的概率为 P_i,公式如下:

$$P_i = f_i \Big/ \sum_{j=1}^{n} f_i$$

显然,概率反映了个体 i 的适应度在整个群体的个体适应度总和中所占的比例。个体适应度越大,其被选择的概率就越高,反之亦然。计算出群体中各个个体的选择概率后,为了选择交配个体,需要进行多轮选择。每一轮产生一个 $0 \sim 1$ 的均匀随机数,将该随机数作为选择指针来确定被选个体。个体被选后,可随机地组成交配对,以供后面的交叉操作使用。

5. 交叉

遗传运算的交叉算子在遗传算法中起着关键作用。交叉是指替换和重组两个父系个体结构的一部分以产生一个新个体的操作。通过交叉,遗传算法的搜索能力得到了突飞猛进的增长。交叉算子根据交叉率在种群中两个个体之间随机交换一些基因,以此可以产生新的基因组合,并有望将有益基因组合在一起。根据代码的表示方式,可以有很多算法。最常见的分频算子是单点分频。下面给出单点交叉的一个例子。

个体 A:1 0 0 1 ↑ 1 1 1 → 1 0 0 1 0 0 0 新个体

个体 B:0 0 1 1 ↑ 0 0 0 → 0 0 1 1 1 1 1 新个体

6. 变异

变异算子的基本内容是对群体中的个体串的某些基因座上的基因值做变动。依据个体编码表示方法的不同,有实值变异和二进制变异算法。

一般来说,变异算子操作的基本步骤如下:

(1) 对群中所有个体以事先设定的变异概率判断是否进行变异。

(2) 对进行变异的个体随机选择变异位进行变异。

基本变异算子是指对群体中的个体码串随机挑选一个或多个基因座并对这些基因座的基因值做变动(以变异概率 P 做变动)。0、1 二值码串中的基本变异操作如下:

个体 A　　1011011→1110011　个体 A'
　　　　　　　*　*

基因位下方标有 * 号的基因发生变异。变异率的选取一般受种群大小、染色体长度等因素的影响,通常选取很小的值,一般取 $0.001 \sim 0.1$。

遗传算法引入变异的目的有两个:一是使遗传算法具有局部的随机搜索能力;二是使遗传算法可维持群体多样性,以防止出现未成熟收敛现象,此时收敛概率应取较大值。

在遗传算法中,交叉算子由于其全局搜索能力而成为主要算子,而变异算子因其局部搜索能力而成为辅助算子。遗传算法通过相互兼容和竞争的杂交与变异为问题的求解提供全局和局部平衡搜索功能。当该组在进化过程中被困在搜索空间的超平面中,并且无法仅通过交叉来摆脱这种困境时,变异操作就开始展现它的能力与作用。但突变操作可能会摧毁它们已形成的累积。因此如何有效地利用交叉、变异就成为遗传算法的重要研究内容之一。

7. 终止条件

当最优个体的适应度达到给定的阈值,或者最优个体的适应度和群体适应度不再上升时,又或者迭代次数达到预设的次数时,算法终止。

10.2.4 案例实现

之前已经讲解了遗传算法的运算过程,下面通过一个案例来实现。

程序 10.1 遗传算法

```
 1:   population_size = 500
 2:   generations = 200
 3:   chrom_length = 10
 4:   pc = 0.6
 5:   pm = 0.01
 6:   genetic_population = []
 7:   population = []
 8:   fitness = []
 9:   fitness_mean = []
10:   optimum_solution = []
11:
12:   def chrom_encoding():
13:       for i in range(population_size):
14:           population_i = []
15:           for j in range(chrom_length):
16:               population_i.append(random.randint(0, 1))
17:           genetic_population.append(population_i)
18:
19:   def chrom_decoding():
20:       population.clear()
21:       for i in range(population_size):
22:           value = 0
23:           for j in range(chrom_length):
24:               value += genetic_population[i][j] * (2 ** (chrom_length - 1 - j))
25:           population.append(value * 10/(2 ** (chrom_length) - 1))
26:
27:   def calculate_fitness():
28:       sum = 0.0
29:       fitness.clear()
30:       for i in range(population_size):
31:           function_value = np.exp(- 0.5 * population[i]) * np.sin(2 * population[i])
32:           if function_value > 0.0:
33:               sum += function_value
```

```
34:                   fitness.append(function_value)
35:              else:
36:                   fitness.append(0.0)
37:         return sum/population_size
38:
39:  def best_value():
40:        max_fitness = fitness[0]
41:        max_chrom = 0
42:        for i in range(population_size):
43:             if fitness[i] > max_fitness:
44:                  max_fitness = fitness[i]
45:                  max_chrom = i
46:        return population[max_chrom], max_chrom, max_fitness
47:
48:  def selection():
49:        fitness_array = np.array(fitness)
50:        new_population_id = np.random.choice(np.arange(population_size),
51:          (population_size), replace = True, p = fitness_array/fitness_array.sum())
52:        new_genetic_population = []
53:        global genetic_population
54:        for i in range(population_size):
55:             new_genetic_population.append(genetic_population
56:                                                [new_population_id[i]])
57:        genetic_population = new_genetic_population
58:
59:  def crossover():
60:        for i in range(0, population_size - 1, 2):
61:             if random.random() < pc:
62:                  change_point = random.randint(0, chrom_length - 1)
63:                  temp1 = []
64:                  temp2 = []
65:                  temp1.extend(genetic_population[i][0:change_point])
66:                  temp1.extend(genetic_population[i + 1][change_point:])
67:                  temp2.extend(genetic_population[i + 1][0:change_point])
68:                  temp2.extend(genetic_population[i][change_point:])
69:                  genetic_population[i] = temp1
70:                  genetic_population[i + 1] = temp2
71:
72:  def mutation():
73:         for i in range(population_size):
74:             if random.random() < pm:
75:                  mutation_point = random.randint(0, chrom_length - 1)
76:                  if genetic_population[i][mutation_point] = = 0:
77:                      genetic_population[i][mutation_point] = 1
78:                  else:
79:                      genetic_population[i][mutation_point] = 0
```

输出：

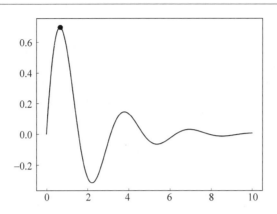

最大解为：
x = 0.6647116324535679　y = 0.6964400037257259

分析：这里使用遗传算法去寻找函数存在的最大值位置。首先初始化参数，种群数量为500，迭代次数为200，染色体长度为10，交叉率为0.6，变异率为0.01，再创建一些列表用来存放数据。接着定义几个函数：chrom_encoding()为染色体进行0、1编码，生成初始种群；chrom_decoding()对染色体解码，将二进制转换为十进制；calculate_fitness()计算每个染色体的适应度；best_value()获取最大适应度的个体和对应的编号；selection()选择函数，采用轮盘赌算法进行选择过程，重新选择与种群数量相等的新种群，这里用NumPy的random.choice()函数直接模拟轮盘赌算法；crossover()进行交叉过程；mutation()进行基因的变异操作。

完整的程序在代码包中已经给出了，需要的读者可以自行下载。在程序的输出中可以看到，使用遗传算法成功找到了函数的最大值点。该函数的最大值点用红点标出，并在终端上可以看到该最大值点对应的 x 和 y 坐标。

 ## 10.3　模拟退火算法

模拟退火算法（Simulate Anneal，SA）是一种通用概率演算法，用来在一个搜寻空间内寻找命题的最优解。模拟退火算法由 S. Kirkpatrick、C. D. Gelatt 和 M. P. Vecchi 于1983年 35 模拟退

提出。V. Čern&yacute 也于1985年独立发明了此算法。模拟退火算法是学者用来解决著名 火算法

的商旅问题（TSP）的有效方法之一。模拟退火算法的出发点是基于物理中固体物质的退火过程与一般组合优化问题之间的相似性，主要由加温过程、等温过程、冷却过程三部分构成。

10.3.1　模拟退火算法原理

1. 什么是退火——物理上的由来

退火是一种物理现象，指物体逐渐降温的情况。首先如图 10-3（a）所示，物体处于非晶体状态。将物体加热至高温，如图 10-3（b）所示。再缓慢降温至冷却状态，如图 10-3（c）所示。物体内部的分子状态也随之存在一定改变，由无序状态逐渐转换为有序的平衡状态。而经过

退火后最终形成的状态就是内能最小的一种晶体状态。缓慢的降温使物体分子处于每一个温度状态时有足够的时间去达到稳定,并且最终得到最低能态的平衡状态。

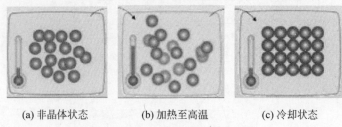

(a) 非晶体状态　　　　(b) 加热至高温　　　　(c) 冷却状态

图 10-3　物体升温/降温状

2. 模拟退火原理

想象一下问题求解的目的是找到一个全局最优解,若存在这样一个函数,如果采用贪心(greedy)策略,如图 10-4 所示。那么从 A 点开始试探,如果函数值持续减小,试探过程就会继续。而当到达 B 点时,探索终止。因此最终只能找到一个局部最优解 B。

模拟退火算法本质为贪心算法,模拟退火算法不完全只是在对比评估的过程中选择表现较优的一方,在某些时刻也以一定概率去选择接受表现较差的一方(次优解),通过这种概率性的手段有可能淘汰算法的局部最优解从而更大概率地获得目标问题的全局最优解。以图 10-4 为例,模拟退火算法在搜索到局部最优解 B 后,不会继续向左移动,而是会小概率向右移动。有可能重复几次选择次优解的动作后会到达 B 点和 C 点之间的峰点,于是就跳出了局部最小值。

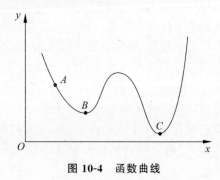

图 10-4　函数曲线

根据 Metropolis 准则,粒子处在温度 T 时,粒子走向平衡态的概率大小为 $\exp(-\Delta E/(kT))$,其中 E 为温度 T 时粒子的内能,ΔE 为其变化量,k 为 Boltzmann 常数(数值为 $1.380\,649 \times 10^{-23}\,\text{J/K}$)。Metropolis 准则常表示为:

$$p = \begin{cases} 1 & E(x_{\text{new}}) < E(x_{\text{old}}) \\ \exp\left(-\dfrac{E(x_{\text{new}}) - E(x_{\text{old}})}{T}\right) & E(x_{\text{new}}) \geqslant E(x_{\text{old}}) \end{cases}$$

可知在温度 T 时能够得到能量差为 dE 时的降温的概率,大小为 $P(\text{dE})$,表示为 $P(\text{dE}) = \exp(\text{dE}/(kT))$。其中 k 是常数,exp 表示自然指数,且 dE<0。所以 P 和 T 成正相关性。这个公式表示温度与能量差为 dE 时的降温概率成正相关性,通俗来讲就是粒子所处的温度越高,降温的概率越大;同样地,若粒子所处的温度降低,相应的降温的概率也会随之降低。由于在正常情况下 dE 的数值总是小于零,因此 dE/kT 小于零,所以 $P(\text{dE})$ 的函数取值范围为 0~1。随着温度 T 的降低,$P(\text{dE})$ 也会逐渐降低。

用固体退火算法模拟组合优化问题,将内能 E 模拟为目标函数值 f,温度 T 模拟为控制参数 t,即可得到组合优化问题的模拟退火算法。

总结如下。

- 若 $f(Y(i+1)) \leqslant f(Y(i))$,即总是存在更优解的情况,选择向更优解的方向逼近。

- 若 $f(Y(i+1))>f(Y(i))$，即不存在更优解的情况，这种情况下以一定概率选择继续向同一方向移动，移动概率的大小与时间成反相关性，即随着时间的推移选择继续向同一方向移动的概率大小会降低。如图 10-4 所示。从 B 点移向 B、C 之间的小波峰时，每次右移（即接受一个次优解）的概率在逐渐降低，因此模拟退火算法能够有概率地挑出局部最优并且走向全局最优。

10.3.2 模拟退火算法模型

模拟退火算法由解空间、目标函数和初始解三部分构成。

模拟退火算法的基本思想如下。

(1) 初始化：初始温度 T（充分大），初始解状态 S（算法迭代的起点），每个 T 值的迭代次数 L。

(2) 对 $k=1,2,\cdots,L$ 做第(3)步~第(6)步。

(3) 产生新解 S'。

(4) 计算增量 $\Delta t'=C(S')-C(S)$，其中 $C(S)$ 为评价函数。

(5) 若 $\Delta t'<0$ 则接受 S' 作为新的当前解，否则以概率 $\exp(-\Delta t'/T)$ 接受 S' 作为新的当前解。

(6) 如果满足终止条件则输出当前解作为最优解，结束程序。终止条件通常取当连续若干个新解都没有被接受时，以终止算法。

(7) T 逐渐减小，且 $T\rightarrow 0$，然后转至第(2)步。

模拟退火算法流程如图 10-5 所示。

模拟退火算法新解的产生和接受可分为如下四个步骤。

第一步：产生新解。为了简化实验的复杂性采取置换方法，减少模拟退火算法的时间成本（置换手段决定新解的结构）。

第二步：产生目标函数差。主要以增量计算。

第三步：依据标准进行评判决定是否接受。较为熟知的有 Metropolis 准则，若增量为负值则选择接受行为 S' 作为当前新解，否则以一定概率接受 S' 作为当前新解。

第四步：替代。丢弃当前解，以搜索到的新解进行替换。主要过程为在变换部分进行替换，并且同时进行目标函数值的修正。此为一次完整的迭代过程，可在此基础上开始下一轮试验。

模拟退火算法与初始值无关，算法求得的解与初始解状态 S 无关；模拟退火算法以一定概率收敛于全局最优解。

10.3.3 参数控制问题

模拟退火算法广泛用于解决 NP 完全问题，但其参数难以控制。主要问题有以下三点。

(1) 温度 T 的初始值设置问题。

初始值的选取是影响模拟退火算法性能的重要因素。初始温度值与算法性能（即目标问题的全局最优解）成正相关，但是与算法搜索付出的时间成本成反相关。上述为学术研究的理论知识，在实际工作中温度初始值的选取要经过若干次调整。

(2) 退火速度问题。

模拟退火算法的全局搜索性能与退火速度密切相关。一般来说，同一温度下的"充分"搜

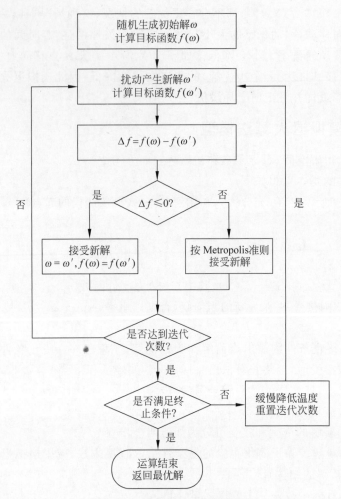

图 10-5　模拟退火算法流程图

索(退火)是相当必要的,但这需要计算时间。实际应用中,要针对具体问题的性质和特征设置合理的退火平衡条件。

(3)温度管理问题。

考虑计算复杂度的切实可行性等问题,常采用如下所示的降温方式:

$$T(t+1)=kT(t)$$

式中,k 为正数,范围是略小于 1.00 的常数;t 为降温的次数。

10.3.4　案例实现

在讲解完模拟退火算法的理论知识后,下面通过一段程序实现该算法。

程序 10.2　模拟退火算法

```
1:    def aimFunction(x):
2:        y = x ** 3 - 60 * x ** 2 - 4 * x + 6
3:        return y
4:
```

```
5:    x = [i / 10 for i in range(1000)]
6:    y = [0 for i in range(1000)]
7:    for i in range(1000):
8:        y[i] = aimFunction(x[i])
9:    plt.plot(x, y)
10:   plt.show()
11:
12:   T = 1000
13:   Tmin = 10
14:   x = np.random.uniform(low = 0, high = 100)
15:   k = 50
16:   y = 0
17:   alpha = 0.95
18:
19:   while T >= Tmin:
20:       for i in range(k):
21:           y = aimFunction(x)
22:           xNew = x + np.random.uniform(low = - 0.055, high = 0.055) * T
23:           if (0 <= xNew and xNew >= 100):
24:               yNew = aimFunction(xNew)
25:               if yNew - y > 0:
26:                   x = xNew
27:               else:
28:                   p = math.exp( - (yNew - y) / T)
29:                   r = np.random.uniform(low = 0, high = 1)
30:                   if r > p:
31:                       x = xNew
32:       T *= alpha
33:
34:   print("最优解为:")
35:   print("x = ", x, "最小值为:", aimFunction(x))
```

输出：

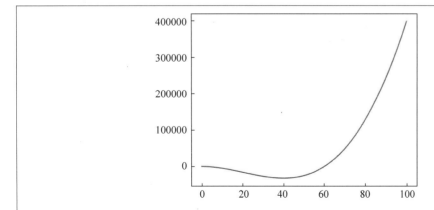

最优解为：
x = 40.1241085660158　最小值为：- 32153.57034645823

分析：该程序中，使用模拟退火算法找出函数的最小值点。首先定义一个目标函数 aimFunction 作为模拟退火算法中的评价函数。初始化变量 x 和 y，绘出函数图像。接下来进行模拟退火运算：首先初始化参数，设置最高温度 Tmax 为 1000、最低温度 Tmin 为 10、内循环迭代次数 k 为 50、降温速率 alpha 为 0.95，并初始化 x 和 y 变量；当温度 T 不小于 Tmin 时，进行循环。首先通过变量 x 计算 y 的值，然后通过随机函数在 x 的邻域内生成一个新的 x 值 xNew，并计算新的 y 值 yNew。如果 yNew<y，则令 x = xNew；否则，通过 Metropolis 准则计算出概率 p，x 以概率 p 进行移动。然后进行降温，进入下一次循环。

在程序的输出中，绘制了函数的原始图像，并在终端中打印出了最小值点所对应的 x 和 y 坐标。

10.4　蚁群算法

36-1 蚁群算法 1

36-2 蚁群算法 2

1992 年 Marco Dorigo 提出蚁群算法，该算法存在一定的概率性。蚂蚁能够在黑暗中寻找食物并能够找到从洞穴(起始点)到食物(目标点)的最短路径。下面解释一下出现这种现象的原因。

10.4.1　蚁群算法原理

蚁群算法的原理与蚂蚁行动的分布有关，蚂蚁的行为轨迹是随机分布的，因此固定时间内在长短不一的路径中，较短路径上的蚂蚁数量是多于较长路径的。蚂蚁在行走时会分泌一种信息素(分泌物)，信息素的浓度与蚂蚁的数量成正相关，而蚂蚁根据信息素寻找路径的行为方式也增加了较短路径上蚂蚁的数量。蚁群算法正是因此受到启发被用来解决寻找目标问题的最优解，用来寻找从原点出发，经过若干个给定的需求点，最终返回原点的最短路径。

36-3 蚁群算法 3

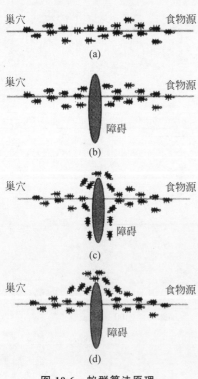

图 10-6　蚁群算法原理

如图 10-6(a)所示，可以看到在蚂蚁和目标食物之间的路径是一条直线。当食物和巢穴之间存在障碍物时，如图 10-6(b)所示，可以看到蚂蚁的分布是均匀的。不管路径的长度如何，蚂蚁总是以相同的概率选择每个路径。蚂蚁在运动过程中留下信息素，并且可以感知到这种物质的存在及其强度，并且倾向于向信息素浓度高的方向上移动，而在信息素浓度低的方向上尽可能避开，也就形成了如图 10-6(c)所示的现象：障碍物较短一边的蚂蚁的数量较多。路径越短，蚂蚁来回所需的时间越短，由于数量与信息素的浓度成正相关，因此逐渐地吸引了更多的蚂蚁选择聚拢在这条较短的路径上寻找目标。最终，形成图 10-6(d)中的场景，蚂蚁全部在障碍物较短的一边移动。这就是形成蚂蚁最短路径的关键原因。

10.4.2　算法流程

蚁群算法应用于解决待优化问题的基本思路为：用蚂蚁的行走路径表示待优化问题的可行解，整个蚂蚁群体的所有行走路径构成待优化问题的解空间。较短路径上蚂蚁释放的信息素量较多，随着时间的推移，较短路径上累积的信息素浓度逐渐增高，选择该路径的蚂蚁个数也越来越多。最终，整个蚁群会在正反馈的作用下迁移到最佳路径上，此时对应的最短路径便是待优化问题的最优解。

算法步骤如下。

（1）初始化参数。

相关参数进行初始化，主要参数有蚁群规模（蚂蚁数量）M、信息素因子 α、启发函数因子 β、信息素挥发因子 ρ、信息素释放总量 Q、最大迭代次数 iter_max、迭代次数初值 iter=1。

（2）构建解空间。

随机放置初始种群内的蚂蚁个体于不同安置点（路径出发点），计算每个蚂蚁个体 k（$k=1,2,\cdots,m$）的下一个待访问的位置，停止条件是直到所有蚂蚁访问完所有的位置。

（3）更新信息素（蚂蚁分泌物）。

计算每个蚂蚁经过的路径长度 L_k（$k=1,2,\cdots,m$），记录当前迭代次数中的最优解（最短路径）。同时，对各个路径上的信息素浓度进行更新。

（4）判断是否终止。

若 iter 的值小于 iter_max 的值，则令当前迭代数值加 1，也就是给 iter 赋一个新值，iter=iter+1，并且清空蚂蚁经过路径的记录表（也就是不取路径），并返回步骤（2）；否则，终止计算，输出最优解。

蚁群算法流程如图 10-7 所示。

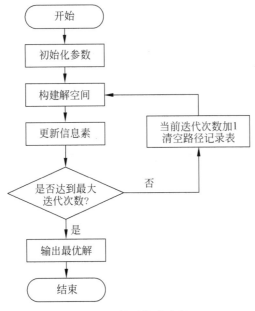

图 10-7　蚁群算法流程

下面列出一些蚁群算法中涉及的参数及其符号。

m：蚂蚁数量，约为位置数量的 1.5 倍。

α：信息素因子，反映了蚂蚁在运动过程中积累的信息量在指导蚁群搜索中的相对重要程度。

β：启发函数因子，反映了启发式信息在指导蚁群搜索中的相对重要程度。

ρ：信息素挥发因子，反映了信息素的消失水平，反之则反映了信息素的保持水平。

Q：信息素释放总量，表示蚂蚁遍历一次所有位置所释放的信息素总量。

这五种参数都影响着算法的收敛性以及能否达到全局最优。蚂蚁个体的数量若是一个庞大的数值则全局路径信号浓度相差无几，效果就会减弱并且算法的收敛性也会降低，收敛速度相对变慢。相反，若群体的数量很小，相应的信号很弱就得不到全局最优解。同样，信息素因子与算法随机搜索行成负相关，并且较弱的信息素因子容易陷入局部最优。同样的原理，启发函数因子若过大也会导致同样的结果发生。信息素挥发因子与信息素常数都会导致相同的结果并且也会对收敛速度造成一定的影响。

10.4.3 案例实现

掌握蚁群算法的基础知识后，通过蚁群算法来解决一个 TSP。

下面通过蚁群算法对这个问题进行求解。

程序 10.3 蚁群算法

```
1:   location = np.loadtxt('city_location.txt')
2:
3:   num_ant = 200
4:   num_city = 30
5:   alpha = 1
6:   beta = 1
7:   info = 0.1
8:   Q = 1
9:   count_iter = 0
10:  iter_max = 500
11:
12:  def distance_p2p_mat():
13:      dis_mat = []
14:      for i in range(num_city):
15:          dis_mat_each = []
16:          for j in range(num_city):
17:              dis = math.sqrt(pow(location[i][0] - location[j][0],
18:                      2) + pow(location[i][1] - location[j][1], 2))
19:              dis_mat_each.append(dis)
20:          dis_mat.append(dis_mat_each)
21:      return dis_mat
22:
23:  def cal_newpath(dis_mat, path_new):
24:      dis_list = []
25:      for each in path_new:
26:          dis = 0
27:          for j in range(num_city - 1):
28:              dis = dis_mat[each[j]][each[j + 1]] + dis
```

```
29:                dis = dis_mat[each[num_city - 1]][each[0]] + dis
30:                dis_list.append(dis)
31:        return dis_list
32:
33:    dis_list = distance_p2p_mat()
34:    dis_mat = np.array(dis_list)
35:    e_mat_init = 1.0/(dis_mat + np.diag([10000] * num_city))
36:    diag = np.diag([1.0 / 10000] * num_city)
37:    e_mat = e_mat_init - diag
38:
39:    pheromone_mat = np.ones((num_city, num_city))
40:    path_mat = np.zeros((num_ant, num_city)).astype(int)
41:
42:    while count_iter < iter_max:
43:        for ant in range(num_ant):
44:            visit = 0
45:            unvisit_list = list(range(1, 30))
46:            for j in range(1, num_city):
47:                trans_list = []
48:                tran_sum = 0
49:                trans = 0
50:                for k in range(len(unvisit_list)):
51:                    trans += np.power(pheromone_mat[visit][unvisit_list[k]],
52:                        alpha) * np.power(e_mat[visit][unvisit_list[k]], beta)
53:                    trans_list.append(trans)
54:                    tran_sum = trans
55:                rand = random.uniform(0, tran_sum)
56:                for t in range(len(trans_list)):
57:                    if(rand <= trans_list[t]):
58:                        visit_next = unvisit_list[t]
59:                        break
60:                    else:
61:                        continue
62:                path_mat[ant, j] = visit_next
63:                unvisit_list.remove(visit_next)
64:                visit = visit_next
65:        dis_allant_list = cal_newpath(dis_mat, path_mat)
66:
67:        if count_iter == 0:
68:            dis_new = min(dis_allant_list)
69:            path_new = path_mat[dis_allant_list.index(dis_new)].copy()
70:        else:
71:            if min(dis_allant_list) < dis_new:
72:                dis_new = min(dis_allant_list)
73:                path_new = path_mat[dis_allant_list.index(dis_new)].copy()
74:
75:        pheromone_change = np.zeros((num_city, num_city))
76:        for i in range(num_ant):
77:            for j in range(num_city - 1):
78:                pheromone_change[path_mat[i, j]][path_mat[i, j + 1]] +=
```

```
79:                    Q/dis_mat[path_mat[i, j]][path_mat[i, j + 1]]
80:            pheromone_change[path_mat[i, num_city - 1]][path_mat[i, 0]] + =
81:                    Q/dis_mat[path_mat[i, num_city - 1]][path_mat[i, 0]]
82:        pheromone_mat = (1 - info) * pheromone_mat + pheromone_change
83:        count_iter + = 1
84:
85:   print('最短距离:', dis_new)
86:   print('最短路径:', path_new)
```

输出:

```
最短距离: 427.3436453594733
最短路径:[0  1  2  8  17  10  6  18  19  20  9  7  13  14  23  24  25  28  26  27  15
        16  21  22 29  11  12  3  4  5]
```

分析: 首先通过 city_location.txt 文件加载城市坐标,该文件中包含 30 个城市的坐标位置。初始化蚁群算法所需的一些参数,蚁群数量为 200、信息素影响因子为 1、期望影响因子为 1、信息素的挥发率为 0.1、信息素常数为 1、最大迭代次数为 500。然后通过 distance_p2p_mat()函数计算出每两个城市之间的距离,通过 cal_newpath()函数计算所有路径对应的距离。初始化每条路径的信息素浓度和每只蚂蚁的行走路径,设置从 0 城市出发。然后开始进行迭代,使用轮盘法选择下一个城市。当蚂蚁走完所有的城市之后,更新路径矩阵,算出每只蚂蚁走过的总距离。然后更新最短距离和最短路径。接着更新信息素浓度,进入下一次迭代。

在程序的输出中可以看到,终端已经显示出了最短距离,并列出了经过这些城市的最短路径,列表中的编号代表每个城市,一共有 30 个。

 10.5 小结

学完本章后,了解了什么是启发式搜索算法、遗传算法的基本定义和它的运算过程。还学习了模拟退火算法和蚁群算法,并了解了这些算法的基本原理和运算流程。最后,通过案例加深了对这些算法的了解。人工智能算法还有很多,这里就不一一列举了,感兴趣的读者可以自行搜索。

参 考 文 献

[1] 卢克·多梅尔. 人工智能[M]. 赛迪研究院专家组,译.北京:中信出版社,2015.

[2] 周志华. 机器学习[M]. 北京:清华大学出版社,2016.

[3] VENKITACHALAM M. Python极客项目编程[M]. 王海鹏,译. 北京:人民邮电出版社,2017.

[4] 翟锟,胡锋,周晓然. Python机器学习——数据分析与评分卡建模(微课版)[M]. 北京:清华大学出版社,2019.

[5] 张良均,谭立云,刘名军,等. Python数据分析与挖掘实战[M]. 2版. 北京:机械工业出版社,2019.

[6] 涂铭,刘祥,刘树春. Python自然语言处理实战:核心技术与算法[M]. 北京:机械工业出版社,2018.

[7] 林信良. Python程序设计教程[M]. 北京:清华大学出版社,2017.

图书资源支持